全国普通高等院校生物实验
教学示范中心"十四五"规划教材

生物工程实验模块
指导教程

主 编 郭小华 梁晓声 汪文俊

副主编 张 莉 王海英 熊海容

编 委（以姓氏笔画为序）

王海英 中南民族大学

吴元喜 华中科技大学

汪文俊 中南民族大学

张 莉 中南民族大学

张华山 湖北工业大学

陈 悟 武汉纺织大学

钟方旭 武汉轻工大学

郭小华 中南民族大学

梁建军 中南民族大学

梁晓声 中南民族大学

熊海容 中南民族大学

华中科技大学出版社
http://press.hust.edu.cn
中国·武汉

内 容 简 介

本书是生物工程相关专业模块化实验教学的指导教材,强调实验教学中本科生探究能力和实践技能综合能力的训练和提高。全书涉及面广,根据生物工程模块化教学体系的需要包括了多门核心课程的实验教学内容。

全书共分四篇:酶工程实验、发酵工程实验、生物分离工程实验、生物工程综合大实验。每个实验都配备了思考题,可以帮助学生分析总结相关实验内容。附录部分为生物工程方面的常用数据,便于学生根据实验需要查找使用。

本书适合作为高等院校生物工程相关专业本、专科学生的教材或参考用书,也可供相关实验技术工作者参考。

图书在版编目(CIP)数据

生物工程实验模块指导教程/郭小华,梁晓声,汪文俊主编.—武汉:华中科技大学出版社,2016.8
(2025.1重印)
国家级实验教学示范中心系列规划教材
ISBN 978-7-5680-2042-8

Ⅰ.①生…　Ⅱ.①郭…　②梁…　③汪…　Ⅲ.①生物工程-实验-高等学校-教材　Ⅳ.①Q81-33

中国版本图书馆 CIP 数据核字(2016)第 155545 号

生物工程实验模块指导教程　　　　　　　　　　　　　　郭小华　梁晓声　汪文俊　主编
Shengwu Gongcheng Shiyan Mokuai Zhidao Jiaocheng

策划编辑:罗　伟
责任编辑:罗　伟
封面设计:原色设计
责任校对:张　琳
责任监印:周治超
出版发行:华中科技大学出版社(中国·武汉)　　　电话:(027)81321913
　　　　　武汉市东湖新技术开发区华工科技园　　　邮编:430223
录　　排:华中科技大学惠友文印中心
印　　刷:武汉邮科印务有限公司
开　　本:787mm×1092mm　1/16
印　　张:10
字　　数:235千字
版　　次:2025 年 1 月第 1 版第 2 次印刷
定　　价:39.00元

前言

QIANYAN

生物工程在当前高新技术产业中占据有重要地位,是生物技术领域的重要分支,生物工程产业在我国已经形成了具有一定规模的现代产业,并在不久的将来有望成为国家支柱产业之一。生物工程专业的学生在专业学习过程中,缺乏对生物工程产业链的系统认识,知识点较为分散,难以将生物工程的相关知识内容有机融合,因而对相关知识的实训学习感觉困难。本书与生物工程专业的教学要求相结合,整合了编写人员的相关课题成果,并且根据生物工程的知识模块教学需要针对性地安排实验内容。编写过程中,强化学生的实践和实训教学,培养学生理论联系实际、实事求是的学风以及分析和解决专业实际问题的能力,帮助学生掌握基本的专业实验技术和操作技能,提高学生的自学能力和创新能力。

本书涵盖了生物工程专业多门核心课题,如酶工程、发酵工程、生物分离工程等实验教学内容。在上一版本《生物工程专业实验教程》的基础上,由中南民族大学、湖北工业大学等长期从事实践教学的一线专业教师进行了进一步的修订和完善。全书共分为四篇:酶工程实验、发酵工程实验、生物分离工程实验、生物工程综合大实验。在实验内容上突出重难点,对实验方法进行了比较细致的叙述,有些内容还补充了简明实验流程,帮助学生整体把握实验操作要点。每个实验都配备有相关思考题,帮助学生复习总结。

本书的编写得到了相关院校及有关部门的关心和支持,得到了中南民族大学湖北省立项博士点建设专项(102406)资助,也是相关教师教改项目(JYX12036;JYX12027)的结晶,同时得到了华中科技大学出版社的支持和编辑的悉心指导,在此一并表示感谢。

由于编者水平有限,时间仓促,书中如有疏漏和不妥之处,敬请专家、同行及广大读者不吝批评指正。

编　者

目录

MULU

第一篇　酶工程实验

实验一
动物血中超氧化物歧化酶的分离和纯化

 实验目的

通过实验,学习动物血中超氧化物歧化酶的分离和纯化的步骤,了解酶的分离和纯化的思路。

 实验原理

1969 年,McCord 和 Fridovich 第一次从牛血中提纯到超氧化物歧化酶(SOD)。自然界中 SOD 分布极广,其含量随生物体的不同而不同,即使同一种生物的不同组织或同一组织的不同部位,其 SOD 的种类和含量也有很大差别。迄今为止人们已从细菌、真菌、原生动物、藻类、昆虫、鱼类、植物和动物等中分离到 SOD。

国内多采用 McCord 和 Fridovich 法分离和纯化 SOD,其主要工艺过程为:①用乙醇-氯仿除去血红蛋白;②用有机溶剂和硫酸铵分级沉淀;③用离子交换柱层析精制。

 实验仪器与试剂

1. 仪器

恒温水浴锅、离心机、50 mL 离心管、布氏漏斗、抽滤瓶、烧杯、量筒、玻璃棒、透析袋等。

2. 试剂

3.8%(质量分数)柠檬酸三钠、0.9%(质量分数)氯化钠、95%(体积分数)乙醇、氯仿、丙酮、2.5 mmol/L K_2HPO_4-KH_2PO_4 缓冲液(pH7.6)。

 实验方法

1. 分离红细胞

取新鲜猪血 30 mL,加入到 10 mL 3.8%柠檬酸三钠抗凝液中,轻轻搅拌均匀,4000 r/min离心 20 min,收集红细胞。

2. 除去血红蛋白

红细胞用3倍体积的生理盐水洗涤,4000 r/min 离心 20 min,重复三次,然后向洗净的红细胞液中加入 1~1.1 倍体积的去离子水,搅拌溶血 30 min,再向溶血液中分别缓慢加入 0.4 倍体积的预冷乙醇-氯仿混合溶液(乙醇和氯仿的体积比为5:3),剧烈搅拌 15 min 左右,静置 1 h,然后以 4000 r/min 离心 20 min 除去变性血红蛋白沉淀,取上清液(测酶活力)。

3. 热变性

上清液加热到 65 ℃,保温 10 min,然后迅速冷却到室温,3000 r/min 离心 20 min,弃去沉淀物,收集上清液(测酶活力)。

4. 沉淀

上清液在盐冰浴中冷却,然后在−5 ℃以下的操作温度下,加入 1.5 倍体积的预冷丙酮,边加边搅拌均匀,即有白色沉淀产生,静置 2~3 min,4000 r/min 离心 20 min,弃去上清液得到肉色沉淀物。沉淀物用少量蒸馏水溶解,4000 r/min 离心 20 min,除去不溶物,用 2.5 mmol/L K_2HPO_4-KH_2PO_4 缓冲液(pH7.6)透析,即得粗 SOD 溶液(测酶活力)。

在 SOD 的分离过程中应该注意哪些事项?

(张华山)

实验二
超氧化物歧化酶的
酶活力测定

实验目的

学习超氧化物歧化酶(SOD)的酶活力测定的方法。

实验原理

邻苯三酚在碱性条件下,能迅速自氧化,释放出 O^{2-},生成带色的中间产物。反应开始后反应液先变成黄棕色,几分钟后转绿,几小时后又转变成黄色,这是生成的中间产物不断氧化的结果。本实验测定的是在邻苯三酚自氧化过程的初始阶段,中间产物的积累在滞留 30~45 s 后,与时间呈线性关系,一般线性关系维持时间在 4 min 的范围内,中间产物在 420 nm 波长处有强烈光吸收。当有 SOD 存在时,由于它能催化 O^{2-} 与 H^+ 结合生成 O_2 和 H_2O_2,从而阻止了中间产物的积累,因此,通过计算即可求出 SOD 的酶活力。

实验仪器与试剂

1. 仪器

分光光度计等。

2. 试剂

缓冲液:100 mmol/L,pH8.2,Tris-HCl 缓冲液(内含 0.4%氯化钙溶液)。邻苯三酚溶液:6 mmol/L,用 10 mmol/L 盐酸配制。

实验方法

1. 邻苯三酚自氧化反应速度的测定

测定实验在 25 ℃下进行,按下面酶活力测定加样表(表 1-2-1)中的顺序和用量向 1 cm 厚度的比色池中加入预热至 25 ℃的缓冲液、SOD 酶样液、重蒸水和邻苯三酚溶液(以 10 mmol/L 盐酸代替邻苯三酚作为测定对照),加入邻苯三酚溶液后立即启动秒表计时,采用分光光度计于 420 nm 波长处每隔 30 s 测定 1 次吸光度($A_{420\ nm}$),共测 10 个数据。以吸光度为纵坐标、时间为横坐标作图,根据线性关系部分的斜率求出自氧化反应速度($\Delta A_{420\text{ nm}}/\text{min}$)。适当改变邻苯三酚溶液的用量,使自氧化反应速度为 0.02 IU/min。

表 1-2-1　酶活力测定加样表

试　剂	加样量/mL	
	邻苯三酚自氧化	酶抑制下自氧化
缓冲液	1.50	1.50
SOD 酶样液	—	0.10
重蒸水	1.40	1.30
邻苯三酚溶液	0.10	0.10
总体积	3.00	3.00

2. 酶抑制下自氧化反应速度的测定

测定过程与测定邻苯三酚自氧化反应速度的相同,只是在此反应系统中加入待测的 SOD 酶样液。适当增减 SOD 酶样液的稀释度或用量,使酶抑制下的自氧化反应速度 ($\Delta A_{420\text{ nm}}/\text{min}$)为 $0.007 \sim 0.013\text{ IU/min}$,也即只能抑制自氧化反应的 $35\% \sim 65\%$(超出此范围,抑制自氧化反应的程度与酶量不成比例)。

 实验结果

在本实验条件下,单位体积的酶活力按下列公式计算:

$$\text{SOD 的酶活力(IU)} = \frac{\dfrac{0.02\text{ IU/min} - \Delta A_{420\text{ nm}}/\text{min}}{0.02\text{ IU/min}} \times 100\%}{50\%} \times 3(\text{mL})$$
$$\times \frac{\text{SOD 酶样液稀释倍数}}{\text{SOD 酶样液体积(mL)}}$$

 思考题

在 SOD 的酶活力测定过程中应该注意哪些事项?

(张华山)

实验三
α-淀粉酶的固定化及其酶学性质的研究

 实验目的

学习固定化酶的制备,对固定化酶的酶学性质进行研究。

 实验原理

α-淀粉酶是大宗的工业酶制剂,被广泛应用在发酵、食品、医药等领域。但天然酶稳定性差,对高温、有机溶剂极其敏感,易失活,不能重复使用,反应后混入产品,使产品难以纯化。而通过物理或化学的方法,将酶固定于载体上,所得的酶不仅保留了酶原有的高活性、高选择性,并且克服了天然酶的缺点,还有利于反应的连续化和自动化。

α-淀粉酶能将淀粉水解为长短不一的短链糊精和少量的还原糖,从而使淀粉对碘呈蓝紫色的特异性反应逐渐消失,可以用这种显色消失的速度来衡量酶活力。

 实验仪器与试剂

1. 仪器

注射器(带 7 号平针头)、恒温水浴锅、分光光度计等。

2. 试剂

α-淀粉酶、海藻酸钠、氯化钙等。

0.5% 可溶性淀粉溶液(测酶活力当天现配):称取可溶性淀粉 0.5 g,用少量蒸馏水调成浆状物,边搅动边缓缓倒入沸水中,然后用少许蒸馏水分几次冲洗装淀粉的烧杯,洗液一并倒入沸水中,加热煮沸 20 min 直至液体变完全透明,冷却至室温,加入 pH6.0 的磷酸缓冲液定容至 100 mL。

磷酸-柠檬酸缓冲液(pH6.0):称取磷酸氢二钠($Na_2HPO_4 \cdot 12H_2O$)45.23 g,柠檬酸($C_6H_8O_7 \cdot H_2O$)8.07 g,用蒸馏水溶解定容至 1000 mL,配好后应以酸度计调整 pH 值为 6.0。

原碘液(储存液):称取 0.5 g 碘和 5.0 g 碘化钾研磨并溶于少量蒸馏水中,然后定容至 100 mL,储存于棕色瓶中备用。

稀碘液(工作液):取 1 mL 原碘液用蒸馏水稀释 100 倍(实验当天制备)。

反应终止液:0.1 mol/L 硫酸。

 实验方法

1. 固定化酶的制备(包埋法)

(1)称取海藻酸钠 0.75 g 置于 100 mL 烧杯中,加 25 mL 蒸馏水搅匀,在沸水浴中溶胀 15 min,得 A 液。

(2)取一个 50 mL 烧杯,加入 25 mL 的 α-淀粉酶(酶活力 20000 IU/mL)溶液,得 B 液。

(3)待 A 液冷却后,将 B 液与 A 液混合,用尼龙布过滤,得 C 液。

(4)称取 2.2 g 无水氯化钙,溶解于 200 mL 蒸馏水中。

(5)用注射器(带 7 号平针头)吸取 C 液垂直注入氯化钙溶液中制备固定化细胞,固定化 30 min,于 4 ℃条件下过夜,用去离子水冲洗几次,吸去表面水分,即得到固定化酶颗粒。

2. 固定化酶的操作稳定性

以 0.5% 可溶性淀粉溶液为底物分别在相同条件下连续进行三批次的操作,测定 α-淀粉酶的酶活力。

 实验结果

α-淀粉酶的酶活力测定采用 Young J. Yoo 改良法。

取 5 mL 0.5% 的可溶性淀粉溶液,在 40 ℃水浴中预热 10 min,然后加入适当浓度的酶液 0.5 mL 和适当的固定化酶,反应 5 min 后,立即取出 1 mL 反应液用 5 mL 的 0.1 mol/L 硫酸终止反应,然后取出 0.5 mL 溶液置于 5 mL 碘液中混匀显色,用分光光度计在 620 nm 波长处测吸光度。以 0.5 mL 水代替 0.5 mL 反应液的一组作为空白组,以不加酶液(加相同量的水)的一组作为对照组。求出吸光度的差值 ΔA 和相对酶活力。

相对酶活力根据下式计算:

$$相对酶活力 = (A_0 - A)/A_0$$

式中,A_0、A 分别表示对照组和反应液的吸光度。

 思考题

固定化酶的优势与局限性有哪些?

(陈 悟)

实验四
半纤维素酶的热稳定性 和半衰期

 实验目的

了解高温对酶活力的影响;熟悉运用 Arrhenius 公式计算酶的热致死半衰期的方法。

 实验原理

半纤维素酶(本实验采用木聚糖酶)水解木聚糖生成低分子木糖寡聚物,用 3,5-二硝基水杨酸(DNS)比色法检测半纤维素酶水解木聚糖产物中的还原糖可以确定酶活力。半纤维素酶在高温下处理一定时间后酶活力将逐渐丧失,温度越高,处理时间越长,酶活力损失越严重。酶活力的损失速率与温度的关联性遵循 Arrhenius 公式:

$$k = Ae^{-E/(RT)}$$

同时,在高温下酶活力的损失量与时间的关联性遵循对数致死规律:

$$N = N_0 e^{-kt}$$

检测半纤维素酶在 60 ℃、65 ℃、70 ℃、75 ℃条件下分别处理 0 min、5 min、10 min、15 min、20 min 后的残余酶活力,即可以得出该酶在相应温度下的半衰期。

 实验仪器与试剂

1. 仪器

恒温水浴锅 4 个(60 ℃、65 ℃、70 ℃、75 ℃)、数字计时器、1.5 mL 小塑料管、玻璃试管若干、分光光度计等。

2. 试剂

木聚糖:纯度大于 90%。

木聚糖酶溶液:酶活力单位为 1000 IU/mL 左右。

0.5%木聚糖溶液:用 pH6.5 的 50 mmol/L 柠檬酸-磷酸缓冲液配制。

0.25 mg/mL 木糖溶液。

DNS 溶液:称取 6.3 g DNS 和 262 mL 2.0 mol/L 氢氧化钠溶液,加入 500 mL 含有

182 g 酒石酸钾钠的热水溶液中,再加入 5 g 重蒸酚和 5 g 亚硫酸钠,搅拌溶解,冷却后加蒸馏水定容至 1 L。

50 mmol/L 磷酸盐-柠檬酸缓冲液(pH6.5)。

 实验方法

1. 酶的热处理

取木聚糖酶溶液,按每管 1 mL 的量加入 1.5 mL 小塑料管中,按表 1-4-1 编号后将其放入不同温度的水浴中进行热处理。经准确时间完成热处理后移入冷水中止热处理,摇匀后准备进行酶活力分析。

表 1-4-1　酶的热处理

不同处理时间/min ＼ 不同热处理条件下的酶活力(IU/mL)	60 ℃	65 ℃	70 ℃	75 ℃
0				
5				
10				
15				
20				

2. 酶活力的测定方法

(1) 标准曲线的绘制

试管按表 1-4-2 编号后,加入相应的试剂。

表 1-4-2　酶活力的测定

试 管 编 号	0	1	2	3	4	5	6
0.25 mg/mL 木糖溶液/mL	0	0.2	0.4	0.6	0.8	1.0	1.2
蒸馏水/mL	2	1.8	1.6	1.4	1.2	1.0	0.8
DNS 溶液/mL	3	3	3	3	3	3	3

每支具塞的试管加入 DNS 溶液后,充分混合,置沸水浴中煮沸 5 min,迅速用冷水将其冷却至室温,以零浓度作为参比,在 540 nm 波长下测定各管反应液的吸光度(A)。以木糖量 X(mg)作横坐标,吸光度(A)作纵坐标,绘制标准曲线,并求出回归方程。

(2) 酶活力测定

空白对照:准确吸取 1.8 mL 0.5％木聚糖溶液加入到试管中,先加入 3 mL DNS 溶液,混匀后再加入 0.2 mL 木聚糖酶溶液,混匀,在 60 ℃恒温下准确反应 10 min,冷却,置沸水中煮沸 5 min,迅速用冷水将其冷却至室温。

样品测定:准确吸取 1.8 mL 0.5％木聚糖溶液加入到试管中,在 60 ℃水浴中预热 5 min,加入 0.2 mL 木聚糖酶溶液,混匀后在 60 ℃水浴中反应 10 min,再加入 3 mL DNS

溶液,充分混匀,中止酶反应。将在同一温度条件下经热处理后的试管集中,在 100 ℃ 水浴中加热 5 min,移入冷水中冷却。试管摇匀后,以空白对照样为基准校正 540 nm 波长下的零吸光度,在 540 nm 波长下测吸光度。

（3）酶活力单位定义

1 个国际酶活力单位（1 IU）：在 60 ℃ 和 pH6.5 条件下,每分钟水解木聚糖产生 1 μmol 还原糖所需要的酶量。在本实验中,还原糖以木糖为标准。

（4）酶活力计算方法

$$酶活力（IU/g）= \frac{W \times D_f \times 1000}{150.13 \times 10 \times 0.2}$$

式中：W 表示酶水解产生的木糖质量（mg）,可由标准曲线得到；

D_f 表示稀释倍数；

150.13 表示木糖的相对分子质量；

1000 表示将 mmol 转化成 μmol 换算的系数；

10 表示在 60 ℃ 下酶解反应的准确时间（min）；

0.2 表示经适当稀释后的粗酶液体积（mL）。

 实验结果

应用对数致死规律计算出木聚糖酶在 60 ℃、65 ℃、70 ℃、75 ℃ 条件下的半衰期,并应用 Arrhenius 公式推算出木聚糖酶在 80 ℃ 下的半衰期。

 **思考题**

按照你对本实验的理解,怎样设计不同温度下的热处理时间才能使结果更真实、更有代表性？

（熊海容）

实验五
溶菌酶的制备

 实验目的

学习溶菌酶的提取和分离的步骤,了解溶菌酶的制备与测定。

 实验原理

溶菌酶是糖苷键水解酶,能催化革兰阳性细菌细胞壁结构中的 N-乙酰胞壁酸(NAM)与 N-乙酰葡萄糖胺(NAG)之间的 β-1,4-糖苷键水解。

鸡蛋清中溶菌酶的相对分子质量为 14307,由 129 个氨基酸残基组成,含有较多碱性氨基酸残基,等电点(pI)为 11.0 左右,而鸡蛋清中其他大部分蛋白质的等电点在 3.9~6.8 之间,故可用酸性盐溶液提取。又因该酶耐热,故用热变性与等电点选择性沉淀法除去杂蛋白,然后用聚丙烯酸共沉淀法分离溶菌酶。

 实验仪器与试剂

1. 仪器

恒温水浴锅、离心机等。

2. 试剂

20％乙酸、1％氯化钠溶液、0.05 mol/L 盐酸、10％聚丙烯酸、0.5 mol/L 碳酸钠溶液、500 g/L 氯化钙溶液、2％氢氧化钠溶液等。

 实验方法

1. 溶菌酶的分离

(1)热变性与等电点选择性沉淀

取新鲜鸡蛋清用纱布过滤,除去卵黄带,量取体积或称量。用 1~2 倍体积的 1％氯化钠溶液和 0.05 mol/L 的盐酸搅拌稀释,加 20％乙酸调 pH 值至 4.6,用 4 层纱布过滤,收集滤液,记录体积。将滤液迅速升温至 75 ℃左右进行水浴,全过程为 3 min 左右,用流水迅速冷却后,3000 r/min 离心 20 min,其沉淀即为热变性杂蛋白,而溶菌酶在上清液中,收集上清液,记录体积,并留样 2 mL 待分析。

（2）聚丙烯酸处理

在上述上清液中滴加 10% 聚丙烯酸（用量为上清液体积的 25%），并缓慢搅拌，当凝聚物出现后，溶液的 pH 值为 3.0 左右。静置 30 min，凝聚物黏附在容器底部。倾去上清液，加入 1 mL 蒸馏水，并滴加少量 0.5 mol/L 碳酸钠溶液使凝聚物溶解，此时 pH 值为 6.0 左右，然后边搅拌边滴加 500 g/L 氯化钙溶液（体积为聚丙烯酸量的 1/12.5），过滤，将沉淀压干后弃去，溶液若不澄清，可以离心，收集上清液，记录体积，并留样 0.5 mL 待分析。

2. 盐析沉淀酶

向上清液中滴加 2% 氢氧化钠溶液，调 pH 值至 9.5，离心除去沉淀。根据酶液体积，计算、称取氯化钠粉末，使氯化钠在酶液中的浓度为 5%，边缓慢搅拌边加入氯化钠粉末，置于 0～5 ℃ 冰箱中待析出溶菌酶。一般约经 12 h，就可离心收集酶沉淀，称重，保存于冰箱中。

 实验结果

根据所用鸡蛋清量（质量或体积）计算粗制溶菌酶的得率：

$$得率 = \frac{粗酶湿重（mg）}{所用鸡蛋清质量（mg）} \times 100\%$$

 **思考题**

在本实验过程中有哪些注意事项？

（钟方旭）

实验六
溶菌酶活力的测定

 实验目的

通过实验,学习溶菌酶活力的测定方法。

 实验原理

溶菌酶活力的测定采用以溶壁微球菌为底物的比浊法。溶壁微球菌的细胞壁经过溶菌酶的水解作用后,导致溶菌,表现为溶液的吸光度下降,由此可测定酶活力。

 实验仪器与试剂

1. 仪器

分光光度计、容量瓶、恒温水浴锅、比色杯、秒表、吸管、研钵、酸度计等。

2. 试剂

(1) 磷酸盐缓冲液(pH6.2)

取磷酸二氢钠($NaH_2PO_4 \cdot 2H_2O$)11.70 g,磷酸氢二钠($Na_2HPO_4 \cdot 12H_2O$)7.86 g及乙二胺四乙酸钠 0.37 g(均精确到 0.01 g),加蒸馏水 800 mL,使之溶解,用酸度计调 pH 值至 6.2,定容至 1000 mL。

(2) 底物悬浮液

称取溶壁微球菌 15 mg(精确至 1 mg),加磷酸盐缓冲液(pH6.2)2 mL,在组织匀浆器或研钵内研磨约 3 min,再用磷酸盐缓冲液(pH6.2)稀释至 50 mL,摇匀。取少量底物悬浮液置于(25.0±0.1)℃水浴中放置约 5 min,在 450 nm 波长处测得的吸光度应为 0.65±0.02。本悬浮液应在临用时制备,超过 1 h 要重配。

(3) 样品溶液

精确称取样品 25.00 mg(精确至 0.01 mg),置于 25 mL 容量瓶中,加磷酸盐缓冲液(pH6.2)使溶解并稀释至刻度,摇匀。精确量取样品溶液 5.0 mL,置于 100 mL 容量瓶中,加磷酸盐缓冲液(pH6.2)至刻度,摇匀,即 1 mL 样品溶液中含溶菌酶 50 μg。

实验方法

1. 样品管的测定

在 450 nm 波长处,以磷酸盐缓冲液(pH6.2)调零点,精确量取已保温至(25.0 ± 0.1) ℃且摇匀的底物悬浮液 2.9 mL,置于 1 cm 比色杯中,再加入已保温至(25.0 ± 0.1) ℃的样品溶液 0.10 mL,立即用秒表计时,加盖,迅速摇匀,至 60 s 时,测定吸光度(A_0),每分钟读数一次,共 3 min,重复测定 3 次,取平均值计算。

2. 空白管的测定

精确量取 2.9 mL 底物悬浮液,摇匀,再加入磷酸盐缓冲液(pH6.2)0.10 mL 代替样品溶液,其他步骤均按样品管的测定方法操作,测定吸光度(A)(应在 0.65 左右)。

 实验结果

根据国际药品联合会的标准,取 2 min 时的吸光度按下式计算酶活力:

$$酶活力(IU/mg) = \frac{A - A_0}{2 \times m \times 0.001}$$

式中:m 为测定液中样品的质量(mg)。

酶活力单位定义:在温度为 25 ℃,pH 值为 6.2 时,在 450 nm 波长处,每分钟引起吸光度下降 0.001 为一个酶活力单位。

 思考题

除本实验采用的方法外,溶菌酶活力测定的方法还有哪些? 各有何优点和缺点?

(钟方旭)

实验七
脲酶 K_m 值简易测定

 实验目的

了解底物浓度对酶促反应速度的影响，了解米氏方程、K_m 值的意义及双倒数法作图求 K_m 值的方法。

 实验原理

尿素被脲酶催化分解生成碳酸铵，碳酸铵在碱性溶液中与纳氏试剂作用，产生橙黄色的碘化双汞铵，在一定范围内，呈色深浅与碳酸铵含量成正比，故借比色法可测定单位时间内所产生的碳酸铵含量，从而求得酶促反应速度。在保持恒温的合适条件（时间、温度及 pH 值）下，以相同浓度的脲酶催化不同浓度的尿素液分解，在一定范围内，尿素液浓度与酶促反应速度成正比，因此，用酶促反应速度（v）的倒数（$1/v$）为纵坐标，尿素液浓度的倒数（$1/c$）为横坐标，依 Lineweaver-Burk 作图法作图，即可求出脲酶的 K_m 值。

 实验仪器与试剂

1. 仪器

恒温水浴锅、分光光度计、试管、小漏斗、滤纸、移液器等。

2. 试剂

豆粉、30％乙醇、尿素、1/15 mol/L PB 缓冲液（pH7.0）、100 g/L 硫酸锌溶液、100 g/L 和 0.5 mol/L 氢氧化钠溶液、100 g/L 酒石酸钾钠溶液、碘化钾、碘、汞等。

 实验方法

1. 试剂配制

（1）脲酶液

取豆粉 2 g 移入 250 mL 三角瓶，加 30％乙醇 100 mL，连续摇 15 min，室温下静置 1～4 h，离心或用脱脂棉过滤，回收上清液备用（上清液必须清亮、透明）。

（2）1/100 mol/L 尿素液

取尿素 0.6 g 加蒸馏水溶解，稀释至 100 mL。按同样方法，另配制浓度为 1/150

mol/L、1/200 mol/L、1/250 mol/L 的尿素液。

（3）纳氏试剂

①母液：取碘化钾 150 g、碘 110 g、蒸馏水 100 mL、汞 140～145 g 同置于 500 mL 平底烧瓶内，强力振荡 7～15 min，待碘的红色即将退尽，用冷水冷却，继续摇荡至有绿色出现为止，倒出上清液，用少许蒸馏水冲洗剩余的汞，将洗液与上清液合并，用蒸馏水稀释至 2000 mL，储存于褐色瓶中。

②应用液：向 1000 mL 容量瓶中加入母液及蒸馏水各 150 mL，摇匀后，再加入 100 g/L 氢氧化钠溶液至 1000 mL，充分混匀后，用棕色瓶长期保存。

（4）显色液

将 100 g/L 酒石酸钾钠和纳氏试剂应用液按 1∶2 体积比混合即制成显色液（临用前混合）。

2. 测定过程

取 5 支试管，按表 1-7-1 编号加入相应的试剂。

表 1-7-1 脲酶 K_m 值测定过程加入试剂表 A

管 号	1	2	3	4	5（对照）
尿素液浓度/(mol/L)	1/100	1/150	1/200	1/250	1/250
尿素稀释液加入体积/L	0.2	0.2	0.2	0.2	0.2
尿素稀释液浓度/(mol/L)	1/20	1/30	1/40	1/50	1/50
1/15 mol/L PB 缓冲液(pH7.0)/mL	0.6	0.6	0.6	0.6	0.6
脲酶液/mL	0.2	0.2	0.2	0.2	—
煮沸脲酶液/mL	—	—	—	—	0.2
摇匀，37 ℃水浴 15 min，向每支试管再加入以下试剂					
100 g/L 硫酸锌溶液/mL	0.5	0.5	0.5	0.5	0.5
蒸馏水/mL	3	3	3	3	3
0.5 mol/L 氢氧化钠溶液/mL	0.5	0.5	0.5	0.5	0.5

将上述试管充分摇匀，室温下静置 5 min，过滤，另取 5 支中试管，同上编号，按表1-7-2加入试剂。

表 1-7-2 脲酶 K_m 值测定过程加入试剂表 B

管 号	1	2	3	4	5
滤液/mL	1	1	1	1	1
蒸馏水/mL	2	2	2	2	2
显色液/mL	0.75	0.75	0.75	0.75	0.75

以上试管迅速摇匀，用分光光度计在 420 nm 波长下测定各管吸光度（A）。

实验结果

以尿素液浓度的倒数($1/c$)为横坐标，$1/A$($1/v$)为纵坐标作图，然后依 $1/c$ 找出对应 $1/A$ 点，将各点相连并延长与横坐标相交，即得 $-1/K_m$，可表示为 $K_m = 1 \times 10^{-n}$ mol/L。

 **思考题**

（1）测定 K_m 值还有哪些方法？
（2）测定 K_m 值有何实际意义？

（吴元喜）

第二篇　发酵工程实验

实验一
微生物发酵培养基的正交优化

实验目的

掌握微生物发酵培养基的优化方法。

实验原理

微生物发酵培养基的优化是指面对特定的微生物,通过实验手段进行配比和筛选找到一种最适合其生长及发酵的培养基,在原来的基础上提高发酵产物的产量,以期达到生产最大产量发酵产物的目的。微生物发酵培养基的优化在微生物产业化生产中举足轻重,是从实验室到工业生产的必要环节。设计出一个好的微生物发酵培养基,是发酵产品工业化成功中非常重要的一步。

现代分离的微生物绝大部分是异养型微生物,它需要碳水化合物、蛋白质和前体等物质提供能量和构成特定产物。其营养物质一般包括碳源、氮源(有机氮源、无机氮源)、无机盐及微量元素、生长因子、前体、产物促进和抑制剂等。另外,在设计培养基时还必须把经济问题和原材料的供应问题等因素一起考虑在内。

正交优化实验设计是指利用已有的正交实验表来安排多因素实验并对实验结果进行统计分析,找出较优实验方案的一种科学方法。用正交实验表安排的实验对其中任意两个因素来说是具有相同重复次数的全面实验,代表性强,效率高。经过数据分析,可得到极差分析结果和方差分析结果。极差分析结果可以说明各因素对实验结果影响的大小,极差越大说明该因素对实验结果的影响越大。

细胞的生长表现为细胞数量的增加和体积的增大,在一定条件下,单细胞生物细胞的质量和细胞的数量存在一定的对应关系,据此测定生长过程中微生物生物量的变化可以近似表示细胞数量的变化,该方法称为称重法,其测定结果直接准确,本实验即采用此法对微生物生物量进行测定。

本实验的工作流程:

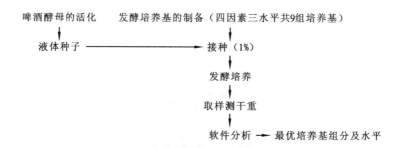

 实验仪器与试剂

1. 仪器

恒温振荡培养箱、分光光度计、恒温水浴锅、天平、电炉、超净工作台、灭菌锅、离心机等。

2. 试剂

葡萄糖、蔗糖、酵母浸粉、磷酸二氢钾（KH_2PO_4）等。

 实验方法

（1）培养基按表 2-1-1、表 2-1-2 进行配制。

表 2-1-1　正交优化实验设计的因素与水平

因素＼水平	葡萄糖 /(g/100 mL)	蔗糖 /(g/100 mL)	酵母浸粉 /(g/100 mL)	磷酸二氢钾 /(g/100 mL)
1	1.0	0.0	0.5	0.05
2	2.0	1.0	1.0	0.1
3	3.0	2.0	2.0	0.2

表 2-1-2　正交优化实验设计的方案与结果

编号	葡萄糖(A)	蔗糖(B)	酵母浸粉(C)	磷酸二氢钾(D)	生物量/(g/L)
1	水平1	水平1	水平1	水平1	
2	水平1	水平2	水平2	水平2	
3	水平1	水平3	水平3	水平3	
4	水平2	水平1	水平2	水平3	
5	水平2	水平2	水平3	水平1	
6	水平2	水平3	水平1	水平2	
7	水平3	水平1	水平3	水平2	
8	水平3	水平2	水平1	水平3	
9	水平3	水平3	水平2	水平1	

（2）将上述培养基以每 250 mL 三角瓶装入培养基 100 mL 的量，按正交优化实验设计方案 9 个实验中各因素对应的水平配制好后，于 121 ℃下灭菌 20 min，冷却至 30 ℃。

（3）冷却后于超净工作台上接种（接种量为 10%）酿酒酵母，摇瓶置于恒温振荡培养箱（28 ℃），以 200 r/min 培养 60 h。

（4）生物量测定：从接种培养至 60 h 的发酵液中取 5 mL 发酵液以 6000 r/min 离心 10 min，用蒸馏水洗涤、离心三次，于 105 ℃温度条件下烘干至恒重后称重，单位为 g/L。

 实验结果

将所测得的生物量填入表 2-1-2 相应的实验结果，采用正交优化实验设计助手 Ⅱ 进行结果处理，获得直观分析表、方差分析表和交互作用表，得到最优化的微生物发酵培养基，并对结果进行分析讨论。

 思考题

（1）微生物生物量有哪些测定方法？
（2）本实验如采用 560 nm 波长测定发酵液的吸光度，你觉得有何改进之处？

（汪文俊）

实验二
机械搅拌罐培养粘红酵母的动力学模型的建立

 实验目的

学习和掌握发酵过程的参数检测,学习发酵罐的操作,掌握发酵过程动力学模型的建立方法。

 实验原理

发酵动力学主要研究发酵过程中菌体生长、基质消耗、产物生成的动态平衡及其内在规律,包括了解发酵过程中菌体生长速率、基质消耗速率和产物生成速率的相互关系,环境因素对三者的影响,以及影响其反应速度的条件,具体包括细胞生长和死亡动力学、基质消耗动力学、氧消耗动力学、CO_2生成动力学、产物合成和降解动力学、代谢热生成动力学,以上各方面不是孤立的,而是既相互依赖又相互制约,构成错综复杂、丰富多彩的发酵动力学体系。

发酵动力学研究的目的:①以发酵动力学模型作为依据,合理设计发酵过程,确定最佳发酵工艺条件。②利用电子计算机,模拟最优化的工艺流程和发酵工艺参数,确立发酵过程中菌体浓度、基质浓度、温度、pH、溶氧等工艺参数的控制方案,从而使生产控制达到最优化。③在此研究基础上进行优选,为试验工厂数据的放大、分批发酵过渡到连续发酵提供理论依据。

发酵动力学研究的一般步骤:①为了获得发酵过程变化的第一手资料,要尽可能寻找能反映过程变化的各种理化参数。②将各种参数变化和现象与发酵代谢规律联系起来,找出它们之间的相互关系和变化规律。③建立各种数学模型以描述各参数随时间变化的关系。④通过计算机的在线控制,反复验证各种模型的可行性与适用范围。

本实验通过发酵过程测得的实验数据,依据一定的通用、经典参考模型,建立适合某一特定微生物发酵过程的动力学模型。

本实验的工作流程:

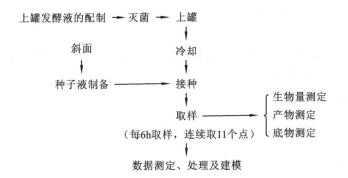

实验仪器与试剂

1. 仪器

5 L 全自动发酵罐、恒温振荡培养箱、分光光度计、恒温水浴锅、天平、电炉、超净工作台、卧式灭菌锅、离心机等。

2. 试剂

葡萄糖、酵母浸粉、磷酸二氢钾（KH_2PO_4）、磷酸氢二钠（Na_2HPO_4）、硫酸镁（$MgSO_4$）、3,5-二硝基水杨酸、二甲基亚砜等。

实验方法

（一）动力学模型的选择

按照经典的发酵过程的动力学模型,对于牛顿性流体发酵,在满足这些模型的假设条件下选择如下动力学模型的速率函数作为本实验的参考模型:

$$\mu = \frac{1}{X}\frac{dX}{dt} \tag{1}$$

$$S = \frac{1}{X}\frac{dS}{dt} \tag{2}$$

$$\frac{dP}{dt} = \alpha\frac{dX}{dt} + \beta X \tag{3}$$

$$\mu = \mu_{max}\frac{S}{K_s + S} \tag{4}$$

（二）实验数据的获得

1. 菌种

粘红酵母于 4 ℃下保藏于种子培养基斜面。

2. 培养基

（1）种子培养基

加入葡萄糖 30 g/L、酵母浸粉 5 g/L、磷酸二氢钾 2 g/L、磷酸氢二钠 1 g/L、硫酸镁 2

g/L,用自来水配制,调 pH 值至 5.0。

（2）发酵培养基

加入葡萄糖 50 g/L、酵母浸粉 5 g/L、硫酸铵 6 g/L、磷酸二氢钾 6 g/L、磷酸氢二钠 1 g/L、硫酸镁 5 g/L,pH 值自然。

3. 培养方法

（1）菌种活化

将甘油管冻存的菌种在种子培养基平板上划线,待长出红色特征单菌落后挑取单菌落到斜面种子培养基中,在 25 ℃培养 48 h,斜面上长出红色特征菌落即可作为活化菌种。

（2）种子液制备

用接种环接种两满环活化的菌种置于装有 300 mL 种子培养基的 1000 mL 三角瓶中,于 24 ℃、200 r/min 下培养 48 h 作为种子液。

4. 发酵培养

（1）发酵罐的清洗

将发酵罐罐盖打开,小心清洗罐体及搅拌部分,发酵罐搬动时一定要小心托起罐底,不得直接从上拧起手柄,避免罐体跌落。

（2）培养基配制

按发酵培养基的配方制备发酵培养基,每个 5 L 发酵罐装入培养基 3 L(即工作体积 3 L)。将各培养基组分按照配方称取后置于 1 L 的大烧杯中,用 1 L 热水溶解,转入到发酵罐后,补充剩余的 2 L 自来水,并加入 0.1%的消泡剂(泡敌),封好罐体,用止水夹夹死取样口硅胶管、进气管微滤膜与罐体部分的硅胶管,但切不可夹紧出气口硅胶管,避免在灭菌过程中罐压过大导致罐体爆裂。为了避免在发酵过程中产生过量气泡,可预先准备 10 mL 的灭菌消泡剂,观察到罐体中有过量气泡时可少量加入消泡剂。

（3）灭菌

将封好的发酵罐送入卧式灭菌锅,卧式灭菌锅使用前预热以节省灭菌时间,放入发酵罐后密封灭菌锅门,将加热旋钮旋至 0.11 MPa 挡,将灭菌旋钮旋至灭菌挡,灭菌开始,待灭菌室压力升至 0.1 MPa 时计时 15～20 min,灭菌结束,将灭菌旋钮旋至慢排挡,待灭菌室压力降至 0.05 MPa 时旋至快排挡,待灭菌室压力接近 0 MPa 时将旋钮旋至全排挡,然后小心打开灭菌锅门。

（4）冷却

戴上厚防护手套取出发酵罐,小心轻放在发酵罐基座上,接好罐体夹套循环水、排气口循环水及压缩空气,打开发酵罐温度控制开关、转速控制开关,打开空气阀门、冷水阀门,通入压缩空气和冷水对发酵罐进行降温。

（5）接种与发酵

待发酵罐冷却至 26 ℃后将 300 mL 种子液在火焰保护下接种到发酵罐中,在通气量为 0.2 vvm、300 r/min、22～25 ℃条件下进行培养,每隔 6 h 取样一次,一次约 15 mL,进行酵母生物量、葡萄糖残留量和类胡萝卜素含量的分析,培养 60 h 实验结束,合计 11 个取样点(即 0 h、6 h、12 h、18 h、24 h、30 h、36 h、42 h、48 h、54 h、60 h)。每次取样后需准备三个空白离心管,做好标记,即准确量取 2 个 5 mL 样品置于离心管中,并于 6000

r/min离心 5 min,将其中一管的上清液转移至另一干净离心管中用于残糖测定,另一管上清液直接倒掉,将三管样品于-20 ℃冷冻保存至分析测定时用。

(6)分析与测定

详见本篇"发酵工程实验测定方法"。

(三)模型建立

通过 Matalab 软件按选择的模型建模,代入实验数据,拟合,最终获得模型中的关键参数。Matalab 程序源文件如下:

(1)ASimplex1.m

```
function f＝ASimplex1(x)
mu＝x(1);Xm＝x(2);Ki＝x(3);Yxs＝x(4);Yps＝x(5);a＝x(6);b＝x(7);mx＝x(8);
XM＝20;SM＝50;PM＝7.5;
[t,y]＝ode45(@monod,[0:1:60],[2.15;47.58;0.49],[],mu,Xm,Ki,Yxs,Yps,a,b,mx);
T1＝[0:6:60];
X1＝[输入每次测量生物量];
S1＝[输入每次测量残糖];
P1＝[输入每次测量色素产量];
sum＝0;L＝1;
for i＝1:6:60
sum＝sum＋((y(i,1)-X1(L))/XM)^2＋((y(i,2)-S1(L))/SM)^2＋((y(i,3)-P1(L))/PM)^2;L＝L+1;
end
f＝sum
```

(2)simplex.m

```
[x,fval,exitflag,out]＝f minsearch(@ASimplex1,[0.15;16;35;0.77;0.23;0.005;0.01;0.001])
mu＝x(1);Xm＝x(2);Ki＝x(3);Yxs＝x(4);Yps＝x(5);a＝x(6);b＝x(7);mx＝x(8);
[t,y]＝ode45(@monod,[0:1:60],[[2.15;47.58;0.49]],[],mu,Xm,Ki,Yxs,Yps,a,b,mx);
T1＝[0:6:60];
X1＝[输入每次测量生物量];
S1＝[输入每次测量残糖];
P1＝[输入每次测量色素产量];
plot(T1,X1,'bs',t,y(:,1),'-',T1,S1,'ro',t,y(:,2),'--',T1,P1,'gx',t,y(:,3),':')
```

（3）monod. m

```
function dy=monod(t,y,mu,Xm,Ki,Yxs,Yps,a,b,mx)
X=y(1);S=y(2);P=y(3);
if S<0
    S=0;rx=0;rs=0;rp=0;
else  w=mu*(1-X/Xm)/(1+S/Ki);v=w/Yxs;u=(a*w+b)/Yps;rx=X*w;
rp=a*X*w+b*X;rs=-X*(v+u)-mx*X;
end
dy=[rx;rs;rp];
```

 实验结果

（1）根据相应的测定方法定量测定相关参数，并把将测定的实际结果记录在表 2-2-1 中。

表 2-2-1 　粘红酵母发酵样品分析测试结果表

编号	取样时间/h	生物量/(g/L)	底物葡萄糖浓度/(g/L)	产物类胡萝卜素浓度/(mg/L)
1	0			
2	6			
3	12			
4	18			
5	24			
6	30			
7	36			
8	42			
9	48			
10	54			
11	60			

（2）采用 Matalab 软件（或其他软件）对数据进行处理，求取上述模型中的 μ_{max}、α、β、K_s，将模型简化，代入上述模型中，将上述各式积分，联合求解即可求得发酵过程中生物量、类胡萝卜素产量和底物消耗与发酵时间的函数关系 $X=M(t)$、$Q=N(t)$ 和 $S=L(t)$，模型建立完成。

思考题

（1）有哪些软件可用于对模型中的数据进行处理？可以学习哪些软件以便于今后的学习与工作？

（2）动力学模型还可以参照哪些模型方程？

（梁晓声　汪文俊）

实验三
发酵罐中的补料
分批发酵

 实验目的

加深对培养方法的认识,了解补料分批培养的方法。

 实验原理

补料分批发酵又称"流加发酵",是指在微生物分批发酵过程中,以某种方式向发酵系统中补加一定物料,但并不连续地向外放出发酵液的发酵技术,是一种介于分批培养和连续培养之间的过渡培养方式。流加培养同时兼有间歇培养和连续培养的某些特点,其优点是可使发酵系统中维持很低的底物浓度,减少底物的抑制或其分解代谢物的阻遏作用,不会出现当某种培养基成分的浓度高时影响菌体得率和代谢产物生成速率的现象。

本实验的工作流程:

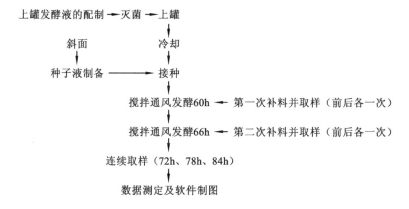

 实验仪器与试剂

1. 仪器

5 L 全自动发酵罐、恒温振荡培养箱、分光光度计、恒温水浴锅、天平、电炉、超净工作台、灭菌锅、离心机等。

2. 试剂

葡萄糖、酵母浸粉、磷酸二氢钾(KH_2PO_4)、磷酸氢二钠(Na_2HPO_4)、硫酸镁($MgSO_4$)、硫酸铵(($NH_4)_2SO_4$)、3,5-二硝基水杨酸、二甲基亚砜等。

 实验方法

1. 菌种

粘红酵母于 4 ℃下保藏于 PDA 培养基斜面。

2. 培养基

(1) 种子培养基

加入葡萄糖 30 g/L、酵母浸粉 5 g/L、磷酸二氢钾 2 g/L、磷酸氢二钠 1 g/L、硫酸镁 2 g/L,用自来水配制,调 pH 值至 5.0。

(2) 发酵培养基

加入葡萄糖 50 g/L、酵母浸粉 5 g/L、硫酸铵 6 g/L、磷酸二氢钾 6 g/L、磷酸氢二纳 1 g/L、硫酸镁 5 g/L,pH 值自然。

(3) 流加培养基

流加的葡萄糖溶液质量浓度为 250 g/L。

3. 培养方法

(1) 种子培养

从斜面上的菌种挑起两满环粘红酵母菌体,接入装有 50 mL 液体种子培养基的 250 mL 摇瓶中,置于摇床上在 24 ℃、200 r/min 条件下培养 48 h。将上述培养好的液体种子接入装有 100 mL 液体种子培养基的 1000 mL 摇瓶中,接种量为 10%,在 24 ℃、200 r/min 条件下培养 48 h。

(2) 流加培养

培养罐中加入已调配好的培养基后,放在灭菌锅中于 121 ℃下灭菌 20 min,流加的葡萄糖溶液单独灭菌。培养罐取出后,开通冷却水进行冷却,同时开动搅拌器,通入无菌压缩空气以防产生负压,冷却到 25 ℃。然后进行火焰接种,接种量为 10%,在通气量为 0.2 vvm 和 300 r/min、22~25 ℃条件下进行培养。培养至培养基中葡萄糖溶液浓度低于 5 g/L(约 60 h 时),补加 250 g/L 浓度的葡萄糖溶液 200 mL,使培养罐内葡萄糖溶液浓度达到 20~30 g/L。流加培养 6 h 后再次补加 250 g/L 浓度的葡萄糖溶液 200 mL,每隔 6 h 取样(自第一次流加后取样 3 次),测定培养液中葡萄糖溶液含量、粘红酵母生物量和类胡萝卜素含量。流加培养至 24 h 结束,将培养液进行蒸汽加压灭菌后弃去,清洗培养罐。

 实验结果

1. 结果测定

根据相应的测定方法定量测定相关参数,并将测定的实际结果记录在表 2-3-1 中。

表 2-3-1 粘红酵母发酵样品分析测试结果表

编号	取样时间 /h	生物量 /(g/L)	底物葡萄糖浓度 /(g/L)	产物类胡萝卜素浓度 /(mg/L)
11	60(补料前)			
12	60(补料后)			
13	66(补料前)			
14	66(补料后)			
15	72			
16	78			
17	84			

2. 结果要求

(1) 画出整个发酵进程中培养液中粘红酵母生物量、葡萄糖浓度、类胡萝卜素含量变化曲线图。

(2) 计算在补料前(0~60 h)、补料(60~84 h)以及全阶段(0~84 h)粘红酵母细胞、类胡萝卜素的产率(质量分数)。

思考题

(1) 试分析补料分批培养在工业上的应用情况。

(2) 在发酵过程中可采用哪些措施以促进粘红酵母细胞的生长?

(汪文俊)

实验四
紫外线诱变育种

 实验目的

通过实验,观察紫外线对粘红酵母的诱变效应,并学习物理因素诱变育种的方法。

 实验原理

在微生物的诱变育种时物理诱变剂中最常用的有紫外线。由于紫外线不需要特殊贵重设备,只要普通的灭菌紫外灯管即能做到,而且诱变效果也很显著,因此被广泛应用于工业育种。紫外线是波长短于紫色可见光而又接近紫色光的射线,波长范围为 $136\sim300$ nm,紫外线波长范围虽宽,但有效范围仅限于一个小区域,多种微生物最敏感的波长集中在 265 nm 处,对应于功率为 15 W 的紫外灯。它是一种非电离辐射,当物质吸收一定能量的紫外线后,它的某些电子将被提升到较高的能量水平,从而引起分子激发而造成突变;而不吸收紫外线的物质,能量不发生转移,分子也不会激发,不会产生任何化学变化,然而,脱氧核糖核酸能大量吸收紫外线,因此它极容易受紫外线的影响而变化。紫外线的诱变作用是由于它引起 DNA 分子结构变化而造成的。这种变化包括 DNA 链的断裂,DNA 分子内和分子间的交联,核酸与蛋白质的交联,嘧啶水合物和嘧啶二聚体的产生等,特别是嘧啶二聚体的产生对于 DNA 的变化起主要作用。

本实验中粘红酵母诱变育种的工作流程如下:

实验仪器与试剂

(一)仪器

紫外线灯(15W)、恒温振荡培养箱、分光光度计、电热恒温水浴槽、天平、电炉、超净工作台、灭菌锅、离心机等。

(二)试剂

葡萄糖、酵母浸粉、KH_2PO_4、Na_2HPO_4、$MgSO_4$、3,5-二硝基水杨酸、二甲基亚砜等。

 实验方法

1. 筛选平板、斜面和筛选培养基的制备

筛选培养基:加入葡萄糖 30 g/L、酵母浸粉 8 g/L、磷酸二氢钾 3 g/L、磷酸氢二钠 1 g/L、硫酸镁 2 g/L,用自来水配制。筛选发酵培养液使用 250 mL 摇瓶中加入 50 mL 培养基,平板及斜面培养基则在液体培养基基础上添加 1.5% 的琼脂粉,然后 121 ℃灭菌 20 min。为避免培养过程中的污染,可以在倒平板时加入 0.1 g/L 的氨苄青霉素抑制杂菌污染。

2. 菌悬液的制备

取培养 48 h 的粘红酵母发酵悬液离心(3000 r/min,离心 15 min),弃去上清液,将菌体用无菌生理盐水洗涤 2~3 次,最后制成菌悬液。

3. 紫外线诱变

(1)将紫外线灯开关打开,预热约 20 min。

(2)取直径 9 cm 无菌平皿 2 套,分别加入上述菌悬液 0.5 mL,用手轻轻转动平皿,将菌悬液均匀分布于平皿中。

(3)将盛有菌悬液的 2 套平皿在距离为 30 cm、功率为 15W 的紫外线灯下分别搅拌照射 1 min 及 3 min。

4. 稀释

在红光灯下,将上述经诱变处理的菌悬液以 10 倍梯度稀释法稀释成 10^{-7}~10^{-1} 不同的稀释度(具体可按估计的存活率进行稀释)。

5. 涂平板

取 10^{-5}、10^{-6}、10^{-7} 三个稀释度的菌悬液涂平板,每个稀释度的菌悬液涂平板 3 只,每只平板加稀释菌悬液 0.2 mL,用无菌玻璃刮棒涂匀。以同样操作,取未经紫外线处理的稀释菌悬液涂平板作对照。

6. 培养

将上述涂匀的平板,用黑布(或报纸)包好,置于 24 ℃倒置培养 48~72 h,注意每个平皿背面要标明处理时间和稀释度。培养 72 h 后观察是否长出菌落。

7. 计数

将培养 72 h 后的平板取出进行计数,根据对照平板上的菌落数,计算出每毫升菌悬液中的活菌数,同样计算出紫外线处理 1 min、3 min 后的存活率及其致死率。

$$存活率 = \frac{处理后每毫升活菌数}{对照每毫升活菌数} \times 100\%$$

$$致死率 = \frac{对照每毫升活菌数 - 处理后每毫升活菌数}{对照每毫升活菌数} \times 100\%$$

8. 诱变效应考察

选取诱变后平板上长得较大、较红的菌落挑到制备好的斜面上,将斜面涂均匀培养 48 h 后接种到装有 50 mL 筛选培养基的 250 mL 摇瓶中培养 72 h,测定粘红酵母胞内类胡萝卜素含量,并与原始出发菌株进行对照比较,根据结果,说明诱变效应。类胡萝卜素提取和测定方法参见本篇"发酵工程实验测定方法"的相关内容。

 实验结果

存活率和致死率的实验结果填写在表 2-4-1 中,诱变效应的实验结果填写在表 2-4-2 中。

表 2-4-1 存活率和致死率实验结果

诱变剂量/min	平均菌落/(数/皿) 稀释倍数	10^{-5}	10^{-6}	10^{-7}	存活率/(%)	致死率/(%)
紫外线 (UV)	0(对照)					
	1					
	3					

表 2-4-2 诱变效应实验结果

菌 株	1	2	3	4	对照
诱变 1 min 高产菌株类胡萝卜素产量/(mg/L)					
产量提高率/(%)					
诱变 3 min 高产菌株类胡萝卜素产量/(mg/L)					
产量提高率/(%)					

（1）用于诱变的菌悬液（或孢子悬液）为什么要充分振荡？

（2）经紫外线处理后的操作和培养为什么要在暗处或红光灯下进行？

（汪文俊）

实验五
北京棒状杆菌固定化循环发酵生产谷氨酸

 实验目的

了解固定化微生物细胞和固定化发酵的方法。

 实验原理

固定化细胞就是被限制自由移动的细胞,即细胞受到物理化学等因素约束或限制在一定的空间界限内,但仍保留催化活性并具备能被反复或连续使用的活力。与游离细胞发酵相比,固定化细胞发酵具有以下优点:①固定化细胞可以将微生物发酵改为连续酶反应;②可以获得更高的细胞浓度;③细胞可以重复使用;④在高稀释率时,不会产生洗脱现象;⑤单位容积的产率高;⑥提高遗传稳定性;⑦细胞不会受到剪切效应的影响;⑧发酵液中菌体含量少,有利与产品的分离纯化。

目前工业上应用的谷氨酸产生菌有谷氨酸棒状杆菌、黄色短杆菌、噬氨短杆菌等。我国常用的菌种有北京棒状杆菌、纯齿棒状杆菌等。其生物合成途径见图2-5-1。

本实验中,对数生长期的北京棒状杆菌细胞,与海藻酸钠溶液混合后,滴入氯化钙溶液中,形成小球状的固定化细胞,利用固定化的北京棒状杆菌进行循环发酵生产谷氨酸。其基本工作流程如下:

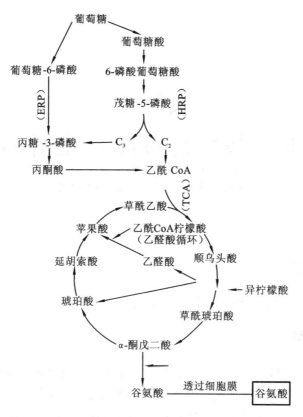

图 2-5-1　谷氨酸生物合成途径

 实验仪器与试剂

1. 仪器

摇床、超净工作台、灭菌锅、分光光度计、离心机等。

2. 试剂

蛋白胨、牛肉膏、氯化钠、琼脂、葡萄糖、尿素、酵母浸粉、磷酸二氢钾、磷酸氢二钠、硫酸镁、硫酸锰、3,5-二硝基水杨酸、硫酸铁、氯化钙、海藻酸钠等。

 实验方法

1. 菌种与培养基

（1）菌种

北京棒状杆菌 AS 1.299。

（2）培养基

①斜面培养基：蛋白胨 1%，牛肉膏 1%，氯化钠 0.5%，琼脂 1.5%，调 pH 值为 7.0。

②发酵培养基：葡萄糖 2%，酵母浸粉 0.5%，尿素 0.5%，磷酸二氢钾 0.1%，硫酸镁

$(MgSO_4 \cdot 7H_2O)0.04\%$,硫酸锰 2 mg/L,硫酸铁 2 mg/L,调 pH 值为 6.8~7.0。

2. 实验与培养方法

(1) 细胞培养

将北京棒状杆菌菌株接种于斜面培养基,于 35 ℃培养 24 h,活化菌种,然后接种于液体发酵培养基,于 35 ℃振荡培养 12 h 得到液体种子。取 4 mL 液体种子接种于 50 mL液体发酵培养基中(置于 250 mL 三角瓶中),于 35 ℃振荡培养 12 h。

(2) 海藻酸钠溶液及交联剂的制备

海藻酸钠溶液的制备:取海藻酸钠 3.0 g,用 200 mL 烧杯装 50 mL 蒸馏水加热溶胀15 min,封口后灭菌。

交联剂的制备:配制 2%浓度的氯化钙溶液 100 mL,装入 200 mL 烧杯中,封口灭菌。

(3) 细胞固定化

以下步骤在超净工作台上操作,切记按照无菌要求操作以免影响实验结果。将振荡培养 12 h 的菌体细胞与等体积的海藻酸钠溶液混合均匀,用灭菌的滴管取一定混合液垂直滴入氯化钙溶液中制备固定化细胞,固定化 30 min,开启紫外线灯以免染菌,制得固定化菌种的颗粒。

(4) 接种与培养

将固定化菌种后的颗粒接种 40~50 粒(约 2 勺固定化颗粒)于发酵培养基中(250mL 摇瓶含有 100 mL 灭菌发酵培养基),于 35 ℃、200 r/min 培养,为防止制备的凝胶颗粒在振荡过程中破碎,在每瓶培养液中滴加 2 滴 2%浓度的 $CaCl_2$ 溶液。接种后每隔 6 h取样,12 h 后分离固定化颗粒,再接种到新鲜发酵培养基中继续培养,如此反复 2 次,取样后测定上清液中残糖和谷氨酸含量。测定方法参见本篇"发酵工程实验测定方法"残糖和谷氨酸含量的测定。

 实验结果

(1) 结果记录于表 2-5-1。

表 2-5-1 固定化发酵结果记录表

编号	取样时间/h	游离细胞发酵		固定化细胞发酵	
		谷氨酸含量 /(g/L)	残糖含量 /(g/L)	谷氨酸含量 /(g/L)	残糖含量 /(g/L)
0	0	0		0	
1	6				
2	12				
3	18				
4	24				
5	36				

（2）绘制固定化培养液中北京棒状杆菌的谷氨酸产量、残糖含量随培养时间的变化曲线。

（3）计算 2 次培养谷氨酸的产率（质量分数，以葡萄糖计）。

思考题

（1）细胞固定化有何优点？

（2）谷氨酸测定方法有哪些？本实验采用的方法有何优缺点？

（汪文俊）

实验六
淀粉液化及糖化

 实验目的

掌握用酶解法从淀粉原料到水解糖的制备原理及方法,掌握还原糖的测定方法。

 实验原理

在发酵过程中,因有些微生物不能直接利用淀粉,当以淀粉为原料时,必须先将淀粉水解成葡萄糖,才能供发酵使用。一般将淀粉水解为葡萄糖的过程称为淀粉的糖化,所制得的糖液称为淀粉水解糖。水解淀粉为葡萄糖的方法包括酸解法、酸酶结合法和酶解法。实验室中常采用酶解法制备淀粉水解糖。

酶解法是指利用淀粉酶将淀粉水解为葡萄糖的过程。酶解法制葡萄糖可分为两步:第1步是利用 α-淀粉酶将淀粉转化为糊精及低聚糖,使淀粉的可溶性增加,这个过程称为液化;第2步是利用糖化酶将糊精或低聚糖进一步水解,转变为葡萄糖的过程,这个过程在生产上称为糖化。淀粉的液化和糖化都是在酶的作用下进行的,故该方法也称为双酶水解法。

1.酶解法液化原理

淀粉的酶解法液化是以 α-淀粉酶作为催化剂,该酶作用于淀粉的 α-1,4 糖苷键,从内部随机地水解淀粉,从而迅速将淀粉水解为糊精及少量麦芽糖,所以 α-淀粉酶也称内切淀粉酶。淀粉受到 α-淀粉酶的作用后,其碘色反应发生如下变化:蓝色→紫色→红色→浅红色→不显色(即显碘原色)。

酶解法液化因生产工艺不同分为间歇式、半连续式和连续式。液化设备分为管式、罐式和喷射式。加酶方法包括一次加酶法、二次加酶法和三次加酶法。根据酶制剂的耐温性分为中温酶法、高温酶法及中温酶和高温酶混合法。本实验采用:高温酶法,间歇式,罐式,二次加酶法。

2.酶解法糖化原理

淀粉的酶解法糖化是以糖化酶作为催化剂,该酶从非还原末端以葡萄糖为单位依次分解淀粉的 α-1,4 糖苷键或 α-1,6 糖苷键,由于是从链的一端逐渐一个个地切断为葡萄糖,所以糖化酶也称为外切淀粉酶。

淀粉糖化的理论收率:因为在糖化过程中有水参与反应,故糖化的理论收率为 111.1%。

$$(C_6H_{10}O_5)_n + H_2O \longrightarrow nC_6H_{12}O_6$$
$$162 \qquad 18 \qquad 180$$

淀粉糖化实际收率的计算公式:

$$\text{淀粉糖化实际收率} = \frac{\text{糖液量(L)} \times \text{糖液葡萄糖含量(%)}}{\text{投入淀粉量(L)} \times \text{原料中纯淀粉含量(%)}} \times 100\%$$

淀粉转化率是指 100 份淀粉中有多少份淀粉被转化为葡萄糖。

淀粉转化率的计算公式:

$$\text{淀粉转化率} = \frac{\text{糖液量(L)} \times \text{糖液葡萄糖含量(%)}}{\text{投入淀粉量(L)} \times \text{原料中纯淀粉含量(%)} \times 1.11} \times 100\%$$

糖化液中还原糖(以葡萄糖计)占干物质的百分比,称为 DE 值。常用 DE 值表示淀粉水解的程度或糖化程度。

DE 值的计算公式:

$$\text{DE 值} = \frac{\text{还原糖含量(%)}}{\text{干物质含量(%)}} \times 100\%$$

还原糖含量用 3,5-二硝基水杨酸(DNS)比色法测定,表示方法:葡萄糖(g)/100 mL 糖液。

干物质含量可用阿贝折光仪测定,表示方法:干物质(g)/100 g 糖液。本实验采用淀粉干重替代。

本实验基本工作流程如下:

淀粉 → 溶解 → 糊化和液化 ← α-淀粉酶
↓
钝化去蛋白
↓
糖化 ← 糖化酶
↓
不同糖化时间保温处理 ← 10 min、20 min、40 min、60 min
↓
钝化灭酶
↓
取样测定残留体积和还原糖 → 计算淀粉转化率

 实验仪器与试剂

1. 仪器

分光光度计、恒温水浴锅、烘箱、滴定管、酸度计、电炉、白瓷板等。

2. 试剂

玉米淀粉、α-淀粉酶、糖化酶、pH 试纸、盐酸等。

磷酸-柠檬酸缓冲液(pH6.0):称取磷酸氢二钠($Na_2HPO_4 \cdot 12H_2O$)45.23 g,柠檬酸($C_6H_8O_7 \cdot H_2O$)8.07 g,用蒸馏水溶解定容至 1000 mL,配好后应以酸度计调整 pH 值为 6.0。

原碘液(储存液):称取 0.5 g 碘和 5.0 g 碘化钾,研磨,溶于少量蒸馏水中,然后定容至 100 mL,储存于棕色瓶中备用。

稀碘液(工作液):取 1 mL 原碘液用蒸馏水稀释 100 倍(当天制备)。

反应终止液:0.1 mol/L 硫酸。

 ## 实验方法

1. 淀粉的液化

配制 30% 的淀粉乳(按 0.2 L 配制),调节 pH 值至 6.5,加入氯化钙(固形物 0.2%,钙离子的存在可以保持 α-淀粉酶在水解过程中保持活力和稳定性),加入 α-淀粉酶(12~20 IU/g 淀粉),在剧烈搅拌下,先加热至 72 ℃,保温 15 min,再加热至 90 ℃,并维持 30 min,中间不停止搅拌,以达到所需的液化程度,碘色反应呈棕红色。液化结束后,再升温至 120 ℃,保持 10 min,以凝聚蛋白质,以 6000 r/min 离心 5 min 得到上清液。

2. 淀粉的糖化

迅速将上述上清液用盐酸将 pH 值调至 4.2~4.5,同时迅速降温至 40 ℃,将料液分为四等份,分别加入 0.5 mL 糖化酶(酶活力约为 10000 IU),40 ℃分别保温 10 min、20 min、40 min、60 min 后,将料液 pH 值调至 4.8~5.0,同时,将料液加热至 80 ℃,保温 20 min,待料液冷却后以 6000 r/min 离心 5 min 得到上清糖料液。量取料液体积,取样分析还原糖浓度。测定方法参见本篇"发酵工程实验测定方法"相关内容。

 ## 实验结果

(1) 在详细记录实验数据的基础上完成实验报告,计算淀粉转化率(表 2-6-1)。

表 2-6-1 淀粉糖化后还原糖测定结果表

糖化时间/min	糖液体积/mL	还原糖含量/(g/L)	淀粉转化率/(%)
10			
20			
40			
60			

(2) 以糖化时间为横坐标,淀粉转化率为纵坐标作柱状图,分析糖化时间对糖化效果的影响。

 思考题

(1) 哪些微生物可以直接利用淀粉作为碳源?

(2) 淀粉液化过程中几个保温过程有何作用?

(汪文俊)

实验七
制作甜米酒

 实验目的

掌握甜米酒的制作方法。

 实验原理

甜米酒也称醪糟,它是用米饭和甜酒曲混合,保温一定时间制成的。其中起主要作用的是甜酒曲中的根霉和酵母菌两种微生物。根霉是藻菌纲毛霉目毛霉科的一属,它能产生糖化酶,将淀粉水解为葡萄糖。根霉在淀粉糖化过程中还能产生少量的有机酸(如乳酸)。甜酒曲中少量的酵母菌则利用根霉糖化淀粉所产生的糖酵解为酒精,所以甜米酒既甜又微酸,还有醇香味,口感适宜,营养丰富,深受人们喜爱。通常采用市售酒曲制作甜米酒,本实验也采用市售酒曲制作甜米酒,并做品鉴。

甜米酒的制作流程如下:

糯米→浸泡→洗米→纱布淋水→蒸饭→淋饭→拌曲→落缸搭窝→保温发酵→终止发酵→冷藏后熟

 实验仪器与试剂

1. 仪器

电磁炉、蒸锅、电饭锅、恒温培养箱等。

2. 试剂

甜酒曲、大米等。

 实验方法

1. 泡米、蒸饭、淋饭

将大米 5 kg 加水浸泡 4～8 h,待手捏米粒即碎散时,用纱布控干水分,将大米放入蒸锅中蒸 30～40 min,即成松散的米饭。用清洁温水淋洗热的米饭并不断搅动,使饭粒分离并降温到 30～32 ℃,以不烫手为宜。

2. 拌曲制酒

将淋洗过的米饭,沥去余水,置于洁净容器中(容器事先经沸水灭菌清洗),将甜酒曲用量的 2/3 拌于饭中,搅拌均匀并搭成窝状,并在中间留一凹洞,然后将剩余曲粉撒在米饭表面,用双层湿纱布盖口,放入洁净恒温培养箱中,维持培养温度 27～30 ℃。

3. 保温发酵

经培养后可观察到表面出现白色菌丝,产生糖液,待凹洞内出现 2 cm 高甜液,再延长培养时间便会出现甜味减少、酒味增加,从而得到酒香浓郁、甜酸适口、半透明的甜米酒。将发酵好的甜米酒置于 4 ℃ 冷藏后,风味更佳。

 实验结果

在保温 12 h 后,每隔 5 h 进行观察、记录。记录内容包括实验方式、观察时间、米饭变化情况、口味等。下列 3 种方式保温时间均为 30～35 h,具体如下:①米饭结团较差,较甜,微酸,酒香味较浓,略带涩味;②保温 30 h 左右,米饭变软,凹洞内有清水(纯甜),加入酵母菌 2 h 左右有醇香味,米饭结团好,气泡少,较甜,微酸,有酒香味,味道纯正;③米饭结团好,较甜,微酸,醇香味浓。请在图 2-7-1 中对相应的指标做品鉴,每个指标满分为 5分,从中心点到外端分别为 1 分、2 分、3 分、4 分、5 分,打分后将对应分的点连线,形成一个网,网面积的大小表明了所做甜米酒的优劣。

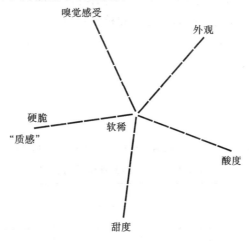

图 2-7-1 甜米酒各项指标的品鉴

甜米酒制作过程中需要注意的事项有哪些?

(梁晓声)

发酵工程实验测定方法

一、残余葡萄糖含量的测定(3,5-二硝基水杨酸比色定糖法)

(一)实验原理

本实验是利用3,5-二硝基水杨酸(DNS)试剂与还原糖溶液共热后被还原成棕红色的氨基化合物,在一定范围内还原糖的含量和棕红色物质颜色深浅的程度成一定比例关系,故可用于比色测定。葡萄糖与3,5-二硝基水杨酸试剂反应生成的有色物质在540 nm波长下有最大吸收峰,故在此波长下进行比色测定。

(二)实验方法

1. 标准曲线的绘制

取6支大试管,分别编号为0～5,按表2-8-1加入各种试剂。

表 2-8-1　残余葡萄糖含量的测定

试　　剂	试 管 编 号					
	0	1	2	3	4	5
1 mg/mL 葡萄糖溶液/mL	0	0.2	0.4	0.6	0.8	1.0
蒸馏水/mL	1.0	0.8	0.6	0.4	0.2	0
DNS 试剂/mL	3	3	3	3	3	3

将各试管中溶液振荡混匀后,在沸水浴中准确煮沸5 min,将试管取出迅速用冷水冷却至室温,加入蒸馏水15 mL,摇匀。在540 nm波长下,用0号试管作为空白调零,测定其他试管内溶液的吸光度。以吸光度为纵坐标,葡萄糖含量为横坐标,绘制标准曲线。

2. 样品的测定

取发酵液5 mL,以5000 r/min离心5 min,取经过一定稀释的上清液1 mL置于试管中,加入3 mL DNS试剂,振荡混匀后,在沸水浴中准确煮沸5 min,取出迅速用冷水冷却至室温,加入蒸馏水15 mL,摇匀。在540 nm波长下,用0号试管为空白调零,测定其他试管内溶液的吸光度。利用Origin软件或Excel软件绘制标准曲线,求出样品内残余葡萄糖的含量。

二、生物量的测定

(一) 实验原理

细胞的生长表现为细胞数量的增加和细胞体积的增大,在一定条件下,单细胞生物(如酵母菌)生物量(细胞质量)的多少和细胞的数量存在一定的对应关系,据此测定生长过程中生物量的变化可以近似表示细胞数量的变化。

(二) 实验方法

先称取干燥的空离心管的质量,记为 W_1,取 5 mL 发酵液置于离心管中,5000 r/min离心 5 min,取上清液保存于冰箱中,之后进行糖浓度测定,菌体和离心管一起于 105 ℃烘干至恒重后称取离心管和菌体质量,记为 W_2,根据下式计算不同时间菌体的生物量(单位为 g/L)。

$$生物量(g/L) = 200 \times (W_2 - W_1)$$

三、类胡萝卜素含量的测定

取 5 mL 发酵液以 6000 r/min 离心 8 min,用蒸馏水洗涤、离心三次,加入二甲基亚砜(DMSO) 3 mL,用玻璃棒搅拌至菌体溶解,6000 r/min 离心 8 min,收集上清液于试管中,离心管中再次加入二甲基亚砜 3 mL,用玻璃棒搅拌至菌体溶解,6000 r/min 离心 8 min,合并提取液,如此多次提取直至菌体无色。用分光光度计于 480 nm 波长下比色,测定总的类胡萝卜素含量。

类胡萝卜素含量计算公式:

$$类胡萝卜素含量(mg/L) = 1.25 \times V_f \times A_{480\,nm}$$

式中:V_f 为提取液体积;

$A_{480\,nm}$ 为类胡萝卜素在 480 nm 波长处的吸光度。

四、谷氨酸含量的测定(分光光度法)

谷氨酸标准溶液的配制:用天平准确称取 0.2 g 谷氨酸标准品,溶于 1 L pH6.0 的醋酸钠(HAc-NaAc)缓冲溶液中,得到 200 mg/L 的谷氨酸标准溶液。

茚三酮显色试剂的制备:100 g/L $Na_2HPO_4 \cdot 12H_2O$,60 g/L KH_2PO_4,3 g/L 果糖,5 g/L 水合茚三酮。

稀释剂的制备:2 g/L KIO_3,用 40% 乙醇溶液定容。

1. 标准曲线的绘制及样品测定

取谷氨酸标准溶液按表 2-8-2 稀释(实际样品稀释后取 2 mL 加入),各管分别加入1 mL 显色剂,摇匀,再经沸水浴加热 15 min,取出加热后的试管用自来水冲凉,每管加入15 mL 稀释液,摇匀,静止 5 min 后,在 30 min 内测定 570 nm 波长处吸光度。用 60 μg/mL 试管作为空白调零,测定其他试管内溶液吸光度,以谷氨酸标准溶液的吸光度和浓度绘制标准曲线。

表 2-8-2　谷氨酸含量的测定

谷氨酸标准溶液/mL	蒸馏水/mL	浓度/(mg/L)	$A_{570\,nm}$
0.6	1.4	60	
0.7	1.3	70	
0.8	1.2	80	
0.9	1.1	90	
1.0	1.0	100	
1.1	0.9	110	
1.2	0.8	120	
1.3	0.7	130	

2. 样品的测定

取 5 mL 发酵液，5000 r/min 离心 5 min，取上清液进行适量稀释(使发酵液中谷氨酸含量为 80～130 μg/mL)，取 2 mL 稀释样品按照上述方法显色测定。

第三篇　生物分离工程实验

实验一
壳聚糖絮凝法沉淀
微生物菌体

 实验目的

加深理解生物分离中固液分离的预处理方法,了解 pH 值在絮凝法分离操作中的重要性。

 实验原理

工业上发酵液后处理一般采用过滤除菌,该方法具有效率低、劳动强度大等特点;后来发展到离心除菌,但其能量消耗大、固形物含水量高、出渣清洗繁杂、总的分离效率低等缺点制约了该方法的发展;絮凝法具有使固形颗粒增大,容易沉降、过滤、离心、提高固液分离速度和液体澄清度等特点,因而成为研究热点。另外絮凝法操作简便,处理量大,不需要昂贵的设备和特殊的试剂,故具有广泛的工业应用前景。

壳聚糖是由甲壳素脱乙酰基后生成的一种碱性多糖(图 3-1-1),它作为一种天然的阳离子吸附剂,本身无毒、无味,不会造成二次污染,是絮凝、回收菌体和蛋白质的理想絮凝剂。壳聚糖絮凝法沉淀微生物菌体的过程复杂,其主要沉降原理是在高分子絮凝剂存在的条件下,与带电的悬浮颗粒通过分子间的架桥、氢键以及电荷吸附等作用形成粗大的絮凝团,最终沉降下来。在不同的 pH 值条件下,絮凝剂的主要作用可能不同。在较高的 pH 值条件下,壳聚糖不被质子化,不能与微生物菌体中和形成大颗粒的絮凝团,絮凝率较低,而在酸性环境中,壳聚糖分子链中的—NH_2 官能团在酸性环境下与 H^+ 结合形成 NH_3^+ 阳离子,使壳聚糖具有阳离子型絮凝剂的电中和与吸附交联的双重作用。酸性也不

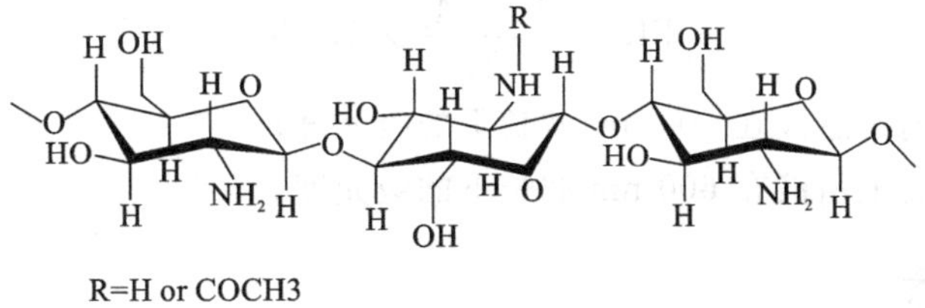

R=H or COCH3

图 3-1-1 壳聚糖的分子结构图

是越大越好,在 pH 值较低时酸性过大可能造成目的产物活性降低甚至丧失。因此,pH 值是影响菌悬液絮凝分离结果的重要因素。

 实验仪器与试剂

1. 仪器

酸度计、分光光度计、电子天平、大试管、吸管等。

2. 试剂

可溶性壳聚糖、海藻酸钠、氢氧化钠溶液、乙酸、盐酸等。

3. 菌种及其培养基

枯草芽孢杆菌、酵母菌、乳杆菌;营养肉汤培养基、YPD 酵母培养基、MRS 培养基。

 实验方法

1. 发酵液的制备

枯草芽孢杆菌用营养肉汤培养基培养,酵母菌用 YPD 酵母培养基培养,乳杆菌用 MRS 培养基培养,发酵至稳定期得到菌悬液。

2. 絮凝剂和助凝剂的配制

絮凝剂:壳聚糖预先溶于 1% 醋酸溶液中,终浓度为 10 g/L。助凝剂:海藻酸钠预先溶于 1% 氢氧化钠溶液中,终浓度为 10 g/L。

3. 配制不同 pH 值的菌悬液

将发酵的菌悬液混匀,以各自灭菌的培养基作为空白对照测定初始菌 $A_{600\,nm}$ 值(A_1),取 50 mL 发酵液分成 5 份分别置于 50 mL 烧杯中,用 6 mol/L 盐酸或者氢氧化钠溶液小心调整其 pH 值分别为 3.0、4.0、5.0、6.0、7.0,酸碱用量尽可能减少,以免改变菌液体积造成实验误差。

4. 絮凝沉淀

向不同 pH 值的发酵液中加入 0.3 mL 海藻酸钠溶液(终浓度约为 0.3 g/L),并迅速混匀,再向发酵液中加入 1 mL 壳聚糖溶液(终浓度约为 0.5 g/L),振荡 5 min 后转至 15 mL 的锥形塑料管中,放在试管架上在室温下静置 40 min,取上清液测定 $A_{600\,nm}$(A_2)。

5. 絮凝率的计算

絮凝率(flocculation ratio,FR)的计算公式如下:

$$FR = \frac{A_1 - A_2}{A_1} \times 100\%$$

式中:A_1 表示絮凝前菌悬液在 600 nm 波长下的吸光度;

A_2 表示絮凝后上清液在 600 nm 波长下的吸光度。

 实验结果

分别测定不同 pH 值条件下微生物菌体的絮凝率,并作出不同 pH 值对三种发酵液絮凝率影响的效果图,确定壳聚糖对发酵液絮凝的最适 pH 值(表 3-1-1)。

表 3-1-1 不同菌液絮凝效果记录表

菌密度值	pH 值	菌悬液絮凝率		
		枯草芽孢杆菌	乳杆菌	酵母菌
A_1	对照			
A_2	3			
	4			
	5			
	6			
	7			

思考题

(1) 查阅资料了解目前常用的絮凝剂的种类及发展趋势。

(2) 采用壳聚糖絮凝法分离微生物活菌体时需要考虑哪些条件?

(郭小华)

实验二
反胶束萃取法中 pH 值对萃取率的影响

 实验目的

通过本实验,加深对反胶束萃取法基本原理的理解,了解反胶束萃取法的基本操作方法,以牛血清白蛋白作为实验对象了解 pH 值在反胶束萃取工艺中的重要性。

 实验原理

反胶束萃取技术是利用表面活性剂在有机溶剂中自发形成的反胶束相来萃取水溶液中的大分子蛋白质。在反胶束溶液中,构成反胶束的表面活性剂的非极性尾向外伸入非极性溶剂中,而极性头则向内排列形成一个极性核(图 3-2-1)。蛋白质及其他亲水物质能够进入反胶束的极性核内,由于周围水层和极性头的保护,保持了蛋白质的天然构象。与有机溶剂萃取法相比较,反胶束萃取法由于在反胶团内部存在着能使蛋白质稳定的"水池",故适用于蛋白质之类大分子生化物质的提取分离,而有机溶剂萃取法的相系统中不具有在这种微环境,容易使蛋白质变性失活的能力,故通常不适用于蛋白质的提取。

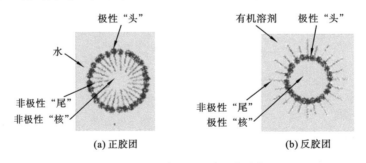

图 3-2-1 正胶团和反胶团的结构

本实验利用阳离子型表面活性剂溴化十六烷基三甲铵(CTAB)在有机溶剂中形成的反胶束相来萃取牛血清白蛋白(BSA,等电点 pI = 4.9,相对分子质量 $M_r = 67000$)。CTAB 形成的反胶束内表面极性头带有正电荷,当牛血清白蛋白表面的净电荷为负值时,由于静电引力作用,使其萃取进入反胶束内,反之,则不能被萃取,因此溶液的 pH 值是影响反胶束萃取法萃取结果的重要因素。

 实验仪器与试剂

1. 仪器

紫外分光光度计、电子天平、旋涡混合器、具塞试管、酸度计、移液吸管(或可调式移液器)及小试管等。

2. 试剂

溴化十六烷基三甲铵(CTAB)、牛血清白蛋白(BSA)、正己醇、正辛烷、氯化钾溶液、氢氧化钠溶液等。

 实验方法

1. 配制不同 pH 值的牛血清白蛋白的氯化钾溶液

精确称取 0.1 g 牛血清白蛋白,用 0.1 mol/L 的氯化钾溶液溶解,并定容至 100 mL,用氢氧化钠溶液调节溶液的 pH 值分别至 6.0、7.0、8.0、9.0。

2. 反胶团萃取剂的制备

20 mmol/L CTAB/正辛烷:正己醇(4:1,体积比)的反胶束相溶液:称取 0.73 g CTAB 溶于 100 mL 的正辛烷:正己醇(4:1,体积比)混合液中。

3. 萃取

先在 4 支具塞试管中分别加入 5.0 mL 上述已配制好的不同 pH 值的牛血清白蛋白溶液,再加等体积 5.0 mL 的反胶团萃取剂,在旋涡混合器中充分混合 5 min,使达到萃取平衡。将乳浊液以 3000 r/min 离心 5 min。吸出上相液,测定下相液中牛血清白蛋白浓度。

 实验结果

参考本篇"生物分离工程实验测定方法"中的蛋白质含量的测定方法测定下相液中牛血清白蛋白浓度,并按下式计算萃取率。

蛋白质萃取率的计算公式:

$$蛋白质萃取率(E) = \frac{C_0 - C_w}{C_0} \times 100\%$$

式中:C_0 表示初始蛋白质浓度;

C_w 表示水相液(下相液)中蛋白质浓度。

 思考题

(1) 简述反胶束萃取法的基本原理。

（2）分别说明 CTAB、正己醇、正辛烷、氯化钾溶液在反胶束相中所起的作用。

（3）将标准曲线的实验结果填入表 3-2-1。以吸光度（$A_{595\ nm}$）为纵坐标，牛血清蛋白溶液浓度为横坐标绘制标准曲线，作线性回归，并求回归方程。

表 3-2-1 样品测定及计算

	样品 pH			
	pH 6	pH 7	pH 8	pH 9
样品量/mL	1.0	1.0	1.0	1.0
稀释倍数				
考马斯亮蓝 G-250 用量/mL	5.0	5.0	5.0	5.0
$A_{595\ nm}$				
BSA 浓度/(μg /mL)				
蛋白质的萃取率/（%）				

（4）分别计算不同 pH 值时的萃取率，并从理论上分析 pH 值影响萃取率的原因。

（郭小华）

实验三
大网格吸附树脂吸附等温线的制作

实验目的

通过实验,加深对大网格吸附树脂吸附机制的理解,了解吸附等温线的制作过程和操作方法。

实验原理

大网格吸附树脂吸附法是指利用树脂表面(包括树脂外表面和空隙的内表面)分子与生化物质分子间的范德华力作用,将液体中的生化物质吸附到树脂表面,与大量杂质分离,然后再用适当的溶剂将其洗脱下来。大网格吸附树脂是一种应用较广泛的吸附剂,它与大网格离子交换树脂的主要区别在于其内部结构中没有可被交换的离子基团,它主要是利用分子间的作用力进行吸附。

吸附等温线是表征不同物质吸附特征的曲线,表明在一定温度条件下,树脂吸附达平衡时的吸附量与溶液中溶质浓度之间的函数关系,常用 Langmuir 方程式和 Freundlich 方程式来描述,前者是建立在单分子吸附层基础上的,后者是经验式。本实验采用 Freundlich 方程式,它对本实验树脂的吸附行为具有更好的吻合性。Freundlich 方程式如下:

$$m = K\rho_e^n$$

式中:m 为吸附平衡时固相吸附量(mg/g(树脂));

ρ_e 为吸附平衡时液相质量浓度(mg/mL);

K 和 n 为常数。

由上式可见,$\lg m$ 与 $\lg \rho_e$ 为线性关系,m 和 ρ 可由实验求出。

$$m = K\rho_e^n$$
$$\Downarrow$$
$$\lg m = \lg K + n \lg \rho_e$$
$$\Downarrow$$
$$\lg m_1 = \lg K + n \lg \rho_{e1}$$
$$\vdots$$
$$\lg m_7 = \lg K + n \lg \rho_{e7}$$

本实验以鹅去氧胆酸(chenodeoxycholic acid,CDCA)作为实验对象,采用 HZ802 非极性大网格吸附树脂为吸附剂,在 25 ℃温度下,制作其吸附等温线。

鹅去氧胆酸为白色针状结晶,熔点为 143 ℃,可溶于甲醇、乙醇、丙酮、冰乙酸中,不溶于水、石油醚、苯。鹅去氧胆酸是一种治疗胆结石的药物,它通过减少胆固醇的吸收和合成,使胆汁内胆固醇含量下降,从而抑制胆固醇结石形成和促进其溶解,能有效降低胆固醇饱和度。目前,鹅去氧胆酸大多由合成方法制得,也可以从家禽的胆汁中直接提取,或从动物胆汁中经半合成方法制得。

 实验仪器与试剂

1. 仪器

恒温摇床、分光光度计、精密电子天平、250 mL 具塞锥形瓶、10 mL 容量瓶、吸管等。

2. 试剂

鹅去氧胆酸标准品(含量 >95%)和成品(含量>90%)、大网格吸附树脂、乙醇、乙酸乙酯、浓硫酸和乙酸酐等。

 实验方法

(1) 吸附树脂的预处理:新树脂孔内含有合成树脂时残留的致孔剂等杂质,故应预处理除去。用 95%乙醇(或丙酮)浸泡树脂,倾去上浮的杂质,然后将树脂装柱:在层析柱内加入约柱体积 1/4 的乙醇,将树脂小心沿管壁倒入柱中。通入乙醇,控制流速每分钟注量为树脂床层体积的 1/25,直至流出液与纯净水混合不产生白色混浊(变澄清)为止。再用纯净水洗至流出液无乙醇味时即可,最后用水浸泡备用。使用时用真空抽滤,制成为抽干吸附树脂。

(2) 配制鹅去氧胆酸(CDCA)母液用于吸附试验:称取鹅去氧胆酸成品适量,溶于少量 50%乙醇中,并用该乙醇液稀释定容至 50 mL 时,配成约 20 mg/mL 的溶液,最终的母液 CDCA 浓度以分析测定的结果为准。

(3) 精确吸取上述溶液 1.0 mL、2.0 mL、4.0 mL、6.0 mL、8.0 mL、10.0 mL、12.0 mL 加入 7 支具塞锥形瓶中,加入 50%乙醇,均稀释至 20 mL,配成约为 1 mg/mL、2 mg/mL、4 mg/mL、6 mg/mL、8 mg/mL、10 mg/mL、12 mg/mL 的溶液,换算成测定的 CDCA 浓度即为吸附前起始溶液的溶质浓度 ρ_{01}、ρ_{02}、ρ_{03}、ρ_{04}、ρ_{05}、ρ_{06}、ρ_{07}。

(4) 准确称取 7 份抽干吸附树脂各 1.50 g(即用于吸附的树脂质量 m_0),小心倒入上述 7 支具塞锥形瓶中,盖上瓶塞,置于 25 ℃恒温摇床上以 200 r/min 振荡 6 h 左右达到吸附平衡。用移液器取出锥形瓶中的上清液约 5 mL(若难取上清液,可以先离心处理后再取样),测定平衡后残存溶液中的 CDCA 的含量 ρ_{e1}、ρ_{e2}、ρ_{e3}、ρ_{e4}、ρ_{e5}、ρ_{e6}、ρ_{e7}。测定方法参见本篇"生物分离工程实验测定方法"中鹅去氧胆酸(CDCA)浓度测定(浓硫酸乙酸酐法)。

用下式求平衡时树脂上的吸附量 m(mg/g(树脂)):

$$m = \frac{(\rho_0 - \rho_e) \times V}{m_0}$$

式中：ρ_0、ρ_e分别为溶液初始质量浓度和平衡质量浓度（mg/mL）；

V 为溶液体积（mL）；

m_0 为树脂质量（g）。

以液相的平衡质量浓度（mg/mL）为横坐标，树脂的平衡吸附量（mg/g（树脂））为纵坐标，制作 25 ℃时的吸附等温线曲线图。

 实验结果

1. CDCA 标准曲线测定（表 3-3-1）

表 3-3-1　CDCA 标准曲线测定结果

试管编号	0	1	2	3	4	5	6
CDCA 标准母液/mL	0	0.2	0.4	0.6	0.8	1.0	1.2
乙酸乙酯:浓硫酸/mL	3.0	2.8	2.6	2.4	2.2	2.0	1.8
乙酸酐/mL	2.0	2.0	2.0	2.0	2.0	2.0	2.0
$A_{615\,nm}$	0						
CDCA 质量/mg	0	0.4	0.8	1.2	1.6	2.0	2.4

注：CDCA 标准母液浓度为 2.0 g/L。

2. 吸附后样品中 CDCA 测定（表 3-3-2）

表 3-3-2　样品中 CDCA 测定及计算结果

试管编号	1	2	3	4	5	6	7	原液
取样量/mL	0.5	0.5	0.5	0.5	0.2	0.2	0.2	0.05
乙酸乙酯:浓硫酸/mL	3.0	3.0	3.0	3.0	3.0	3.0	3.0	3.0
乙酸酐/mL	2.0	2.0	2.0	2.0	2.0	2.0	2.0	2.0
$A_{615\,nm}$								
CDCA 质量/mg								
ρ_0/(mg/mL)								
ρ_e/(mg/mL)								
吸附量 m/(mg/g)								

 思考题

（1）简述大网格树脂吸附法的机制，它与离子交换法有何不同？

（2）简述吸附等温线的制作过程。

（3）将吸附平衡时的液相浓度 ρ_e 和对应的树脂吸附量 m 列成表格，制作 25 ℃的吸附

等温线曲线图。

（4）根据 Freundlich 方程，以 $\lg \rho_e$ 为横坐标，$\lg m$ 为纵坐标，作直线图，建立线性方程，并求 n 和 K。

（5）分析实验误差。

（本实验参考刘叶青编写的《生物分离工程实验》，王海英改编）

实验四
双水相系统分离蛋白质
的相图及分配系数

 实验目的

学习双水相系统成相的原理,掌握双水相系统分离蛋白质的操作流程,了解双水相系统分离蛋白质的影响因素。

 实验原理

20 世纪 70 年代中期,德国的 Kula 和 Kroner 等人首先将双水相萃取技术应用于从细胞匀浆液中提取酶和蛋白质,从而大大改善了胞内酶的提取过程,提高了酶的收得率。目前双水相系统已经应用于酶、核酸、病毒、生长素、干扰素和细胞组织等组分的分离,是一种很具有发展潜力的新型生物分离技术。

在生物发酵产品制备中,细胞和细胞碎片的去除是整个分离纯化的第一步,也是最为关键的一步,它将直接影响到后续工序的收得率。传统的分离方法主要采用离心法和过滤法。这两种方法在实际应用中都有一定缺点,如离心法能耗高,过滤法膜孔容易堵塞。而双水相系统分离整个操作可以连续化,除去细胞和细胞碎片的同时,还可以起到纯化目标物的作用。虽然双水相萃取技术具有很大的优势,但目前真正工业化的例子却很少,主要原因是大规模分离时,双水相萃取的成本较高,使得其技术上的优势大打折扣。大规模分离中,双水相萃取总成本中主要是原料成本(90%以上)。原料成本和生产规模成正比,因而随着生产规模的放大,总成本也增加很大。而传统的分离方法中,总成本主要是设备投资,并且设备投资并不与生产规模成正比,因而大规模生产时双水相萃取技术没有优势可言。因此降低成相物的成本是双水相萃取技术工业化应用的关键。

目前应用的双水相系统主要可分为聚合物/小分子/水系统和聚合物/聚合物/水系统两类。在研究中用的最多的是聚乙二醇(PEG)/葡聚糖(DEX)系统和聚乙二醇(PEG)/磷酸钾(KPi)系统。各种双水相系统如表 3-4-1 所示。

表 3-4-1　各种双水相系统

类　型	子　类　型	举　例
聚合物/小分子/水系统	聚电解质/聚电解质/水 聚合物/有机小分子/水 聚合物/无机盐/水	葡聚糖硫酸钠/羧甲基纤维素钠 葡聚糖/丙醇 聚乙二醇/硫酸铵
聚合物/聚合物/水系统	非离子聚合物/非离子聚合物/水 聚电解质/非离子聚合物/水	聚乙二醇/葡聚糖 DEAE-葡聚糖-HCL/聚乙烯醇

图 3-4-1 为聚乙二醇/混合磷酸钾系统的相图,图中的曲线称为双结点曲线,在该曲线的上方,任一组成的混合物都要分相,在该曲线的下方,则不分相。

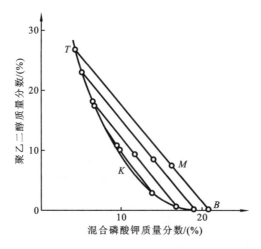

图 3-4-1　双水相系统(聚乙二醇/混合磷酸钾系统,0 ℃)相图

为更详细地描述双水相系统,必须考虑处于平衡的两相的组成。若图 3-4-1 中的 M 点代表整个系统的组成,则该系统的上相和下相组成分别为 T 点和 B 点。两相的体积近似服从杠杆规则,即 $\dfrac{V_T}{V_B}=\dfrac{\overline{BM}}{\overline{MT}}$。其中,$V_T$ 和 V_B 分别代表上相和下相的体积,$\overline{BM}$ 和 $\overline{MT}$ 分别为 B 点与 M 点以及 M 点与 T 点之间的距离。

本实验学习相图的制作方法,将牛血清白蛋白在聚乙二醇/硫酸铵双水相系统中进行不同程度的分配,用考马斯亮蓝 G-250 比色法测定两相中蛋白质含量。考马斯亮蓝 G-250 是一种染料,在酸性溶液中呈棕红色,与蛋白质通过范德华力结合成蓝色复合物,在 595 nm 波长时有最大吸光度。计算不同操作条件下的分配系数(K)和相比(R),了解双水相系统分离蛋白质的影响因素。

 实验仪器与试剂

1. 仪器

带刻度的离心管、离心机、分光光度计等。

2. 试剂

聚乙二醇(PEG 4000)、硫酸铵、氯化钠、考马斯亮蓝 G-250、95％乙醇、85％磷酸、牛血清白蛋白等。

 实验方法

1. 试剂的配制方法

(1) 考马斯亮蓝 G-250 溶液的配制

精确称取 50 mg 考马斯亮蓝 G-250,溶于 10 mL 95％乙醇中,并加入 50 mL 85％浓磷酸,然后用蒸馏水稀释定容至 500 mL,用滤纸过滤。

(2) 牛血清白蛋白溶液的配制

精确称取 0.012 g 的牛血清白蛋白,加入 0.105 g 氯化钠,溶于少量蒸馏水中,然后稀释定容至 100 mL,配成 120 μg/mL 的牛血清白蛋白母液。以同样方法配制 1 g/L 牛血清白蛋白溶液。

2. 相图的制作方法

进行相图的绘制,检验是否形成双水相。用相图表示双水相形成的条件和定量关系。

(1) 分别配制质量浓度为 40％的聚乙二醇溶液(PEG 4000)和 40％的硫酸铵溶液作为备用溶液。

(2) 将带刻度的离心管放置于分析天平上,记录质量。

(3) 向离心管中滴加 2 mL 的 40％聚乙二醇溶液(简称 P),记录质量(p)。

(4) 滴加硫酸铵溶液(简称 Q),边滴加边振荡至混合液呈现混浊状态,显示已形成不相溶的两相,记录质量(q)。

(5) 再向混合液中滴加一定量的蒸馏水(简称 W),经振荡后混合液重新呈现澄清状态,此现象表明溶液又形成单相,记录质量(w)。

(6) 再一次滴加硫酸铵溶液,重复上述步骤,记录每次质量,最后可得到一系列成单相的点(成相点)。相图制作表如表 3-4-2 所示。

表 3-4-2 相图制作表

次数	蒸馏水 /mL	硫酸铵溶液 加入量/g	硫酸铵溶液 合计总量/g	混合液合计 总量/g	聚乙二醇溶液 质量浓度/(％)	硫酸铵溶液 质量浓度/(％)
0	0					
1	1					
2	1					
3	2					
4	2					
5	5					
6	5					
7	10					

（7）根据所得数据制作以聚乙二醇溶液和硫酸铵溶液构成的双水相系统的相图,可根据如下公式计算在某成相点时聚乙二醇溶液和硫酸铵溶液占总量的百分数。

$$X = \frac{p}{p+q+w} \times 100\%$$

$$Y = \frac{q}{p+q+w} \times 100\%$$

式中:p 表示在某成相点时聚乙二醇溶液在系统中的总量(g);

$\quad$ q 表示在某成相点时硫酸铵溶液在系统中的总量(g);

$\quad$ w 表示在某成相点时蒸馏水在系统中的总量(g);

$\quad$ X 表示在某成相点时聚乙二醇溶液占总量的百分数;

$\quad$ Y 表示在某成相点时硫酸铵溶液占总量的百分数。

3. 双水相系统中蛋白质分配系数的测定

实验在室温下进行,所用物质均以克为单位,系统总重量为 10 g。实验步骤如下:

（1）配置高浓度的聚合物和盐的母液,聚乙二醇溶液(PEG 4000)400 g/L,硫酸铵溶液 400 g/L。然后按预设好的总组成(表 3-4-3),再由母液配置相应的双水相系统。

（2）加入 1 g/L 牛血清白蛋白溶液 1 mL。

（3）封口和充分混分:混合液装入离心管内,封口,反复倒置 5~10 min,每次 6~10 次,或用旋涡混合器处理 20~60 s。

（4）在 1800~2000 r/min 下离心 3~5 min,使两相完全分离。

（5）根据离心管刻度,读出上相溶液和下相溶液的体积。

（6）小心地分别取出一定量的上相溶液和下相溶液,依据标准曲线测定上相溶液和下相溶液中目标产物的浓度。

 实验结果

1. 分配后上、下相溶液中蛋白质浓度的测定(表 3-4-3)

表 3-4-3　蛋白质在两相中的分配

双水相系统	40%聚乙二醇溶液/40%硫酸铵溶液		
	4 mL:4 mL	6 mL:2 mL	2 mL:6 mL
上相液 $A_{595\ nm}$			
上相蛋白浓度 C_T(g/L)			
下相液 $A_{595\ nm}$			
下相蛋白浓度 C_B(g/L)			

2. 计算

计算在不同操作条件下,以下的这些分配特性参数,公式如下:

分配系数 $K = C_T / C_B$

相比 $R = V_T / V_B$

上相溶液含量 $Y_T = m_T / m_{AD} = V_T C_T / m_{AD}$

下相溶液含量 $Y_B = m_B / m_{AD} = V_B C_B / m_{AD}$

式中:C_T、C_B 为目标产物在上相溶液和下相溶液中的浓度(g/L);

V_T、V_B 为上相溶液和下相溶液的体积(mL);

m_T、m_B 为目标产物在上相溶液和下相溶液中的质量(g);

m_{AD} 为系统中加入目标产物的总质量(g)。

 思考题

(1) 双水相系统分离生物活性物质有哪些优点?

(2) 如何从双水相系统中回收分离产物?

(3) 对于聚合物/无机盐/水系统,一般希望蛋白质富集在哪个相,为什么?

(王海英)

实验五
超滤技术浓缩木聚糖酶

 实验目的

了解超滤技术的基本原理和操作方法,以木聚糖酶为对象,掌握超滤技术在蛋白质分离、浓缩中的作用,加深对膜分离技术理论的理解。

 实验原理

超滤技术是一种膜分离技术,即通过膜表面的微孔结构对物质进行选择性分离,它的特点是使用不对称多孔膜,当液体混合物在一定压力下流经膜表面时,小分子溶质透过膜(称为超滤液),而大分子物质则被截留,使原液中大分子物质浓度逐渐提高(称为浓缩液),根据分子的大小来分离溶液中的大分子物质与小分子物质,是一种温和的、非变性的物理分离方法,尤其适用于蛋白质等大分子溶液的浓缩、纯化以及缓冲体系交换等。

超滤膜系统是以超滤膜丝为过滤介质,膜两侧的压力差为驱动力的溶液分离装置。超滤装置是在一个密闭的容器中进行,以压缩空气为动力,推动容器内的活塞前进,使样液形成内压,容器底部设有坚固的膜板。小于膜板孔径的小分子物质受压力的作用被挤出膜板外,大分子物质被截留在膜板之上。超滤开始时,由于溶质分子均匀地分布在溶液中,超滤的速度比较快。但是,随着小分子物质的不断排出,大分子物质被截留堆积在膜表面,浓度越来越高,自下而上形成浓度梯度,超滤速度就会逐渐减慢,这种现象称为浓度极化现象。为了克服这种现象,增加流速,设计了以下几种超滤装置。

1. 无搅拌式超滤

这种装置比较简单,只是在密闭的容器中施加一定压力,使小分子溶质和溶剂分子挤压出膜外,无搅拌装置浓度极化现象较为严重,只适合于浓度较稀的小量超滤。

2. 搅拌式超滤

搅拌式超滤是将超滤装置置于电磁搅拌器之上,超滤容器内放入一支磁棒。在超滤时向容器内施加压力的同时开动磁力搅拌器,小分子溶质和溶剂分子被排出膜外,大分子物质向滤膜表面堆积时,被电磁搅拌器分散到溶液中。这种方法不容易产生浓度极化现象,提高了超滤的速度。

3. 中空纤维超滤

由于膜板式超滤装置截留面积有限,中空纤维超滤是在一支空心柱内装有许多的中空纤维毛细管,两端相通,管的内径一般在 0.2 mm 左右,有效面积可以达到 1 cm²,每一根纤维毛细管像一个微型透析袋,极大地增大了渗透的表面积,提高了超滤的速度。纳米膜表超滤膜也是中空超滤膜的一种。

与传统分离方法相比,超滤技术具有以下特点:

(1)超滤过程是在常温下进行的,条件温和,无成分破坏,因而特别适宜对热敏感的物质,如药物、酶、果汁等的分离、分级、浓缩与富集。

(2)超滤过程不发生相变化,无需加热,能耗低,无需添加化学试剂,无污染,是一种节能环保的分离技术。

(3)超滤技术分离效率高,对稀溶液中的微量成分的回收、低浓度溶液的浓缩均非常有效。

(4)超滤过程仅采用压力作为膜分离的动力,因此分离装置简单、流程短、操作简便、易于控制和维护。

(5)超滤法也有一定的局限性,它不能直接得到干粉制剂。对于蛋白质溶液,一般只能得到 10%~50% 的浓度。

超滤操作最简单常用的工具是离心超滤管,通过离心力使溶液中的小分子和溶剂透过超滤膜,而大分子溶质则被超滤膜截留在样品浓缩管中。该方法的特点是操作简便,只要高速离心机,无需其他特殊设备,速度快,可以相当有效地浓缩样本,而且可以部分除去样本溶液中的盐、去垢剂等可溶性小分子,有利于更换缓冲体系。

实验仪器与试剂

1. 仪器

分光光度计、恒温水浴锅、高速离心机、Millipore 离心超滤管等。

2. 试剂

燕麦木聚糖、有一定酶活性的木聚糖酶发酵液、木糖、DNS 试剂等。

实验方法

1. 发酵液预处理

采用双层定性滤纸对发酵液进行抽滤,除去发酵液内玉米芯颗粒及菌丝体,收集滤液。将滤液于 4 ℃,10000 r/min 离心 10 min 后收集上清液,用 0.22 μm 孔径的超滤膜进行抽滤,收集滤液。采用考马斯亮蓝法检测发酵液中蛋白质浓度,采用 DNS 比色法检测发酵液中木聚糖酶活力。

2. 超滤浓缩的操作方法

(1)超滤管的预处理

新买来的超滤管是干燥的,使用前加入超纯水(水量超过超滤膜),冰浴或在冰箱里预冷 20 min,然后将水倒出,即可加入蛋白溶液,加入量以不超过管顶的白线为准。操作要缓慢,加入蛋白溶液前,超滤管需要插在冰上预冷。

（2）木聚糖酶蛋白的超滤

试验中分别采用 5 kDa 和 10 kDa 两种超滤管，在超滤管中加入处理过的发酵液 10 mL，在天平上平衡超滤管，将平衡后的超滤管置于已预冷的离心机内，于 4 ℃、6000 r/min 离心 15 min（该离心条件以超滤管说明书为准）。

在 4 ℃取出蛋白浓缩液，用 200 μL 移液器轻轻顺着超滤管边缘缓慢插入枪头，轻轻吹打、混匀蛋白浓缩液，注意不要碰到超滤膜，然后吸取浓缩液。管底剩下的最后一点浓缩液不必吸取，否则有可能因为难度太大损坏超滤膜。最后加入超纯水到超滤管中，加至超纯水没过超滤膜即可，防止超滤膜失水变干。

采用考马斯亮蓝法检测浓缩液和滤液中蛋白质的浓度。采用 DNS 比色法检测浓缩液和滤液中木聚糖酶的酶活力。

（3）超滤管的回收与保存

倒出超滤管里的水，用超纯水轻轻润洗几次管底的蛋白质沉淀，可以先加入超纯水，然后用枪头吹打，注意不要碰到超滤膜，吹打至沉淀悬浮，然后倒掉，不可用自来水猛冲。然后加入 0.2 mol/L 的氢氧化钠溶液，于室温下放置 20 min，期间平衡超滤管，再离心 5 min。倒出残留的氢氧化钠溶液，将超滤管用超纯水洗干净，用 20%乙醇润洗几次，于管芯内加满 20%乙醇，然后盖上盖子，于 4 ℃条件下保存，直到下次使用。

 实验结果

参见本篇"生物分离工程实验测定方法"中蛋白质含量测定和木聚糖酶酶活力测定的方法进行测定。

1. 样品中蛋白质含量的测定及计算结果（表 3-5-1）

表 3-5-1　样品中蛋白质含量的测定

样品类别	预处理液	浓缩液		滤液	
		5 kDa	10 kDa	5 kDa	10 kDa
试管编号	1	2	3	4	5
样品量/mL	1.0	1.0	1.0	1.0	1.0
稀释倍数					
考马斯亮蓝 G-250 用量/mL	5.0	5.0	5.0	5.0	5.0
$A_{595\,nm}$					
BSA 浓度/(μg /mL)					

2. 样品中催化生成的木糖含量的测定及其计算结果（表 3-5-2）

表 3-5-2　木糖含量的测定与木聚糖酶活力计算

样品类别	对照	预处理液	浓缩液		滤液	
			5 kDa	10 kDa	5 kDa	10 kDa
试管编号	0	1	2	3	4	5

续表

样品类别	对照	预处理液	浓缩液		滤液	
			5 kDa	10 kDa	5 kDa	10 kDa
酶样品用量/mL	0.2	0.2	0.2	0.2	0.2	0.2
底物木聚糖用量/mL	1.8	1.8	1.8	1.8	1.8	1.8
DNS/mL	3	3	3	3	3	3
$A_{540\,nm}$	0					
木糖质量/μg	0					
稀释倍数	0					
木聚糖酶活力/(IU/mL)	0					

3. 木聚糖酶纯化相关参数的计算（表 3-5-3）

表 3-5-3 各溶液中蛋白质浓度、木聚糖酶活力及其比活力

样品		溶液体积/mL	蛋白质浓度/(mg/mL)	木聚糖酶活力/(IU/mL)	木聚糖酶比活力/(IU/mg)	得率	纯化倍数
预处理液							
浓缩液	5 kDa						
	10kDa						
滤液	5kDa						
	10kDa						

注：纯化倍数的计算公式：

$$纯化倍数 = \frac{浓缩液酶的比活力}{预处理液酶的比活力}$$

思考题

（1）说明超滤技术分离和浓缩大分子物质的基本原理。

（2）根据浓缩液的纯化倍数，讨论本实验所选择的膜是否合适。

（郭小华）

实验六
微波萃取和常规萃取提取茶多酚的工艺比较

 实验目的

在本实验中通过茶多酚的提取,了解微波萃取的原理和方法。通过对茶多酚用微波萃取和常规萃取两种方法进行实验比较,评述微波萃取的优点和缺点。

 实验原理

茶多酚是茶叶的主要成分,近年来研究表明,它具有抗氧化、抗菌、抗病毒、抗肿瘤等作用。茶多酚是一类多酚类化学物质,由30多种酚类物质组成,按照化学结构的不同,可以分为儿茶素类、黄烷酮类、酚酸类和花色苷及其苷元四大类。其中儿茶素类是茶多酚的主体,约占茶多酚总量的70%。

茶多酚液为淡黄色至褐色略带茶香的水溶液。茶多酚固体为灰白色粉状固体或结晶,味涩,易溶于水、乙醇、乙酸乙酯,微溶于油脂,对热、酸较稳定,在160 ℃的油脂中30 min仅降解20%,pH 值为2~7,较稳定,在 pH≥8 和光照下时易氧化聚合,遇铁变绿黑色配合物,略有吸潮性,其水溶液的 pH 值在 3~4 之间,在碱性条件下易氧化变褐色。茶多酚具有优越的抗氧化能力,在油脂、食品、医药、化妆品及饮料等领域具有广阔的应用前景。

微波萃取是指利用微波技术与常规萃取技术相结合而形成的一种高效的分离技术。微波萃取的机制包括两个方面:①微波辐射过程中,高频电磁波(300~300000 MHz 频率的电磁波)穿透萃取介质,由于吸收微波能,细胞内部温度迅速上升,使细胞内部压力超过细胞壁膨胀的承受能力,导致细胞破裂,细胞内有效成分被释放并被萃取溶剂溶解;②微波所产生的电磁波加速了被萃取组分向萃取溶剂界面扩散的速度。例如,用水作溶剂时,在微波场中,水分子(极性分子)高速转动成为激发态(或水分子汽化),处于一种高能量不稳定状态,本身会释放能量回到基态,而所释放的能量传递给被萃取物质分子,使其热运动的速度加快,从而缩短了由物料内部扩散到萃取溶剂界面的时间,使萃取速度大大提高。与常规的固-液萃取方法(如索氏萃取、搅拌萃取等)相比,微波萃取降低了萃取温度,被萃取组分不易被破坏或降解,保证了萃取液的质量。

微波萃取具有萃取速度快、效率高、纯度高、耗能低、操作费用少、污染轻、符合环境保护要求等优点,目前已广泛应用于食品、中草药、香料、化妆品、茶饮料、调味料、果胶、高黏度壳聚糖等领域,并已被列为我国 21 世纪食品加工和中药制药现代化推广技术之一。

茶多酚主要成分有儿茶素、表儿茶素和表没食子儿茶素等。儿茶素结构中的羟基在苯核上的位置既有邻苯二酚基,又有连苯三酚基,还有没食子酸形成的酯型结合物。利用酒石酸亚铁为显色剂,与茶多酚中的邻位羟基和连位羟基功能团作用,形成蓝紫色配合物(对间位羟基和单羟基不显色),在一定的浓度下,配合物的吸光度与茶多酚的含量成正比,故可采用比色法测定茶多酚的含量。

利用没食子酸丙酯具有邻位酚羟基和连位酚羟基,又具有羟丙酯基的特点,能代表儿茶素多种酚类的实际情况,故可用它作为标准品,在 pH= 7.5、波长 540 nm、1 cm 比色皿条件下,与显色剂酒石酸亚铁作用,制作标准曲线。1 mg 没食子酸丙酯的吸光度相当于 1.5 mg 茶多酚的吸光度,换算系数为 1.5。

实验仪器与试剂

1. 仪器

微波萃取仪、电子台秤、离心机、布氏漏斗、研钵、烧瓶和量筒等。

2. 试剂

茶叶、纯净水、茶多酚、硫酸亚铁($FeSO_4$)、酒石酸($KNaC_4H_4O_8 \cdot 4H_2O$)、二水磷酸氢二钠($Na_2HPO_4 \cdot 2H_2O$)、磷酸二氢钾(KH_2PO_4)等。

实验方法

1. 材料准备

称取一定量的茶叶,用研钵研碎,备用。

2. 微波萃取

(1)称取 0.5 g 粉碎后的茶叶末,放入微波萃取仪的烧瓶内,加入 50 mL 水。

(2)打开微波萃取仪电源开关,按设置键,并用数字键设定萃取条件。本实验设定三种不同的微波时间条件进行萃取,比较其萃取效果。萃取时间分别为 1 min、2 min、3 min。

(3)按启动键,即开始微波萃取。若中途需检查烧瓶内情况,必须要先按暂停键方可打开仪器门,以免微波泄漏对人体造成伤害,观察结束后,关上仪器门按启动键就可以继续萃取了。

(4)萃取结束后一定要先按确定键,冷却设备,待冷却结束后,再按关闭键,拿出烧瓶。

(5)将萃取后的固液混合物倒入离心管中,以 5000 r/min 离心 5 min,收集上清液,弃去固体残渣。

(6)用量筒测量上清液体积,并用下述的分析方法测定茶多酚含量。按下式计算茶多酚萃取收率:

$$茶多酚萃取收率 = \frac{\rho \times V}{m} \times 100\%$$

式中:ρ 为茶多酚含量(mg/mL);

　　V 为滤液的体积(mL);

　　m 为萃取时所用的茶叶总质量(mg)。

(7) 萃取结束后,将清洁剂和少量水倒入烧瓶内,用软刷刷洗,并用水洗净。

3. 常规热水萃取

称取 0.5 g 粉碎后的茶叶末,加入 50 mL 水,放入烧瓶内,于 80 ℃ 水浴中加热萃取,立刻计时,萃取时间分别为 10 min、20 min、40 min。每次取样 2～3 mL,用布氏漏斗过滤后,分别测定滤液中茶多酚含量(mg/mL),将萃取后的固液混合物以 5000 r/min 离心 5 min,除去固体残渣,然后测量上清液体积,并测定上清液中茶多酚含量,按上述公式计算茶多酚萃取收率。

以茶多酚含量为纵坐标,时间为横坐标,绘制茶多酚的萃取曲线,将曲线基本达水平时所对应的时间作为最适萃取时间。

 实验结果

1. 茶多酚标准曲线制作结果(表 3-6-1)

表 3-6-1　茶多酚标准曲线制作及其结果(表 3-6-1)

试管编号	0	1	2	3	4	5
0.2 g/L 茶多酚/mL	0	1.0	2.0	3.0	4.0	5.0
蒸馏水/mL	4.0	4.0	4.0	4.0	4.0	4.0
酒石酸亚铁溶液/mL	5	5	5	5	5	5
茶多酚绝对量/mg	0	0.2	0.2	0.3	0.4	0.5
吸光度 $A_{540\,nm}$						

2. 不同处理方式下得到的样品中茶多酚的测定(表 3-6-2)

表 3-6-2　微波萃取和常规热水萃取实验数据记录表

萃取方法	微波萃取			常规热水提取		
萃取时间/min	1	2	3	10	20	40
茶叶用量/g						
稀释倍数						
上清液的体积/mL						
吸光度 $A_{540\,nm}$						
茶多酚含量/(mg/mL)						
吸收率/(%)						

3. 结果分析

(1) 分别计算出微波萃取和常规热水萃取中不同萃取时间对应的茶多酚含量和萃取

收率,并作图,比较其萃取效果的差异。

（2）分析实验结果,根据萃取收率比较微波萃取和常规萃取效果的差异,确定适宜的萃取时间。

 **思考题**

（1）试说明茶多酚的溶解性能以及在不同温度和 pH 值下的稳定性。

（2）简述影响微波萃取的因素。

（王海英）

实验七
破碎酵母菌细胞不同
方法的比较

 实验目的

掌握冻融法破碎细胞和珠磨法破碎细胞的原理和操作技术,学习细胞破碎率的评价方法。

 实验原理

冻融法是指通过反复冻融的方式对细胞进行破碎。其原理为:①在冷冻过程中会使细胞膜的疏水键结构破坏,从而增加细胞的亲水性;②冷冻时细胞内水结晶形成冰晶粒,引起细胞膨胀而破裂。采用这种方法破碎细胞简单、方便,但要注意那些对温度变化敏感的蛋白质不宜采用此方法。

机械破碎法是指通过机械剪切力使得细胞破碎。其特点是处理量大、破碎效率高、速度快,主要依靠均质作用和珠磨作用,操作时,细胞遭受强大的机械剪切力而破碎。采用机械破碎法时应注意发热问题。珠磨法是指利用固体间研磨剪切力和撞击力使细胞破碎,它是最有效的一种细胞物理破碎法。珠磨机的主体一般是立式或卧式圆筒形腔体。磨腔内装有钢珠或玻璃珠以提高研磨能力,一般卧式珠磨机破碎效率比立式珠磨机的高,因为立式珠磨机中向上流动的液体在某种程度上会使研磨珠流态化,降低其研磨效率。珠磨法破碎细胞分为间歇操作和连续操作。珠磨法操作的有效能利用率仅为 1% 左右,破碎过程会产生大量的热能,设计实验时要考虑换热问题。珠磨法的细胞破碎效率随细胞种类而异,该方法适用于绝大多真菌菌丝和藻类等微生物细胞的破碎。

 实验仪器与试剂

1. 仪器

旋涡振荡器、EP 管、0.5 mm 直径的玻璃珠、冰箱(-20 ℃)、珠磨机、电子显微镜、酒精灯、载玻片、血球计数板、接种针等。

2. 试剂

磷酸二氢钠、磷酸氢二钠、山梨醇、琼脂、蔗糖、酵母裂解酶等。

实验方法

1. 酵母菌预处理与试剂配制

（1）啤酒酵母菌的培养

①菌种纯化：将酵母菌菌种接种至斜面培养基上，于 28～30 ℃温度下培养 3～4 d，培养成熟后，用接种环取一环酵母菌至 8 mL 液体培养基中，于 28～30 ℃温度下培养 24 h。

②扩大培养：将培养成熟的 8 mL 液体培养基中的酵母菌全部转接至含 80 mL 液体培养基的三角瓶中，于 28～30 ℃温度下培养 15～20 h。

（2）酵母菌细胞悬浮液

将 0.6 g/mL 的啤酒酵母菌溶于含 50 mmol/L 磷酸二氢钠-磷酸氢二钠和 1.0 mol/L 山梨醇的缓冲液（pH6.5）中。

（3）酵母裂解酶

酵母裂解酶-20T（Zymolyase-20T）是通过藤黄节杆菌（*Arthrobacter luteus*）深层培养获得的酶制剂，它能有效裂解活酵母菌细胞的细胞壁。其中主要负责裂解酵母菌细胞的酶成分是 β-1,3-葡聚糖昆布五糖水解酶，通过 β-1,3-葡聚糖连接位水解葡萄糖聚合物，使用时酵母裂解酶浓度为 50 IU/g 湿重细胞。配制酵母菌细胞悬浮液后加入酵母裂解酶至 30 IU/mL。

2. 细胞裂解酶裂解处理

（1）酵母裂解酶裂解酵母菌细胞悬浮液 0.5 h。

（2）取 1 mL 酵母菌细胞悬浮液经适当稀释后，用血球计数板在显微镜下计数。

3. 破碎

（1）冻融法

将 1 mL 酵母菌细胞悬浮液加入 1.5 mL EP 管中，在－20 ℃至室温下反复冻融 3 次（做 3 个平行）。

（2）珠磨法

将 1 mL 酵母菌细胞悬浮液加入 2 mL EP 管中，加入适量玻璃珠，固定在旋涡振荡器上振荡 30 min（做 3 个平行）。

 实验结果

取 1 mL 经破碎处理后的细胞悬浮液经过适当稀释后，滴一滴在血球计数板上，盖上盖玻片，用电子显微镜进行观察，计数并填表 3-7-1，计算细胞破碎率。

$$细胞破碎率 = \left(1 - \frac{破碎后细胞记数 \times 稀释倍数}{破碎前细胞记数 \times 稀释倍数}\right) \times 100\%$$

表 3-7-1　细胞破碎处理后细胞计数结果

计数板 计数点	对照	冻融法			珠磨法		
		平行一	平行二	平行三	平行一	平行二	平行三
1							
2							
3							
4							
5							
均值							

思考题

（1）悬浮酵母菌细胞用缓冲液中加入山梨醇有何作用？

（2）酶处理酵母菌细胞在本实验中有何意义？

（梁晓声）

实验八
木聚糖酶的分级沉淀提取
——硫酸铵分级沉淀法

 实验目的

了解硫酸铵分级沉淀法提取分离酶及活性蛋白质的实验原理,确定硫酸铵分级沉淀法纯化木聚糖酶的实验方案,掌握蛋白质分离纯化效果的评价方法。

 实验原理

经过微生物发酵产生的含有木聚糖酶的发酵液中存在其他蛋白质、多糖等物质,与目的酶相比,不纯正含量较高,须进一步分离纯化,才能获得纯度较高的酶制品。

分级沉淀法的提取步骤是酶及蛋白质的一个初步纯化过程。不同蛋白质分子沉淀时所要求的盐离子浓度也不同,因此可以通过在蛋白质溶液中加入不同量中性盐的方法来选择性分离蛋白质。常用于盐析的中性盐有硫酸铵、硫酸钠、氯化钠、硫酸镁等。其中硫酸铵因具有以下几个优点而成为最常用的盐:①有利于提高盐溶液浓度;②浓度系数小,即不同温度下溶解度变化小,当温度降低时,不至于产生过饱和析出;③分离效果好,不影响酶活力;④价格便宜,来源广泛。

盐析法的原理是大部分蛋白质在低浓度盐溶液中比在纯水中易溶(盐溶现象),但是,当盐浓度升高到一定浓度时,蛋白质的溶解度反而减少,称为盐析。其原因是加入的盐在水中解离时,会夺走蛋白质颗粒表面的水分子,破坏水膜结构,同时,盐解离后形成的带电离子(如 NH_4^+、SO_4^{2-} 等)能中和蛋白质表面的电荷,使蛋白质沉淀。不同的酶或蛋白质在同一盐溶液中的溶解度不同,利用这一特性,先后加入不同浓度的盐,则可把其中不同的酶或蛋白质分别盐析出来。

在酶的分级纯化过程中,需要注意以下问题:

(1) 酶提取过程中,添加有机试剂时搅拌的速度要适当,添加速度不宜过快,以免局部溶剂浓度过高而引起酶失活。

(2) 硫酸铵分级沉淀时,盐的饱和度可由低向高逐渐增高,每出现一种沉淀应进行分离。加盐时要分次加入,待盐溶解后继续添加,加完后缓慢搅拌 $10 \sim 30$ min,使溶液浓度完全平衡,有利于酶的沉淀。

（3）比活力是酶的纯度指标，比活力愈高，表示酶愈纯，即单位蛋白质中酶催化反应的能力愈大，但这仍是一个相对指标，并不说明酶的实际纯度，要了解酶的纯度，可通过电泳方法确定。

（4）提取率表示提纯过程中酶损失程度的大小，提取率越高，损失越少。

（5）提纯倍数是量度提纯过程中纯度提高的程度，提纯倍数大，表示该法纯化效果较好。

（6）理想的纯化方法是既要有相当的提纯倍数，又有较高的提取率；或者说既能最大限度地除去杂蛋白，又能尽量保护酶蛋白不受损失。但实际上是不容易做到，往往是提纯倍数较高，提取率则偏低，反之提取率较高的方法其提纯倍数低。因此，选择提纯方法，必须根据实际需要而定。一般来说工业用酶纯度要求较低，但用量大，成本、价格具有重要意义，故可选择提取率较高的方法；而试剂级、医用酶需要量少，但纯度要求高，应选用提纯倍数高的方法为宜。

 ## 实验仪器与试剂

1. 仪器

分光光度计、恒温水浴锅、高速离心机等。

2. 试剂

燕麦木聚糖（或玉米芯粉末）、蛋白胨、酵母浸粉、硫酸铵、磷酸二氢钾、七水硫酸镁、七水硫酸亚铁、氯化钙等。

 ## 实验方法

1. 菌种、培养基与培养方法

1）菌种

嗜热真菌（*Thermomyces lanuginosus*）DSM 10635 为木聚糖酶生产菌株，该菌于 4 ℃下保存在斜面培养基上。

2）培养基

（1）种子培养基

将 200 g 马铃薯洗净去皮，切碎成小粒，加水煮沸 30 min，用 8 层纱布过滤，收集滤液，加 20 g 葡萄糖，补水至 1000 mL，待充分溶解后趁热分装到试管中，于 121 ℃灭菌 20 min，备用。

（2）产酶培养基

加入燕麦木聚糖 10 g/L（或玉米芯粉末 15 g/L）、蛋白胨 10 g/L、酵母浸粉 15 g/L、硫酸铵 5 g/L、磷酸二氢钾 1 g/L、七水硫酸镁 0.5 g/L、七水硫酸亚铁 0.01 g/L、氯化钙 0.2 g/L。

3）嗜热真菌的培养

在 PDA 斜面培养基上挑取嗜热真菌 DSM 10635 菌丝体接种到种子培养基内，置于摇床上在 55 ℃、180 r/min 条件下培养 72 h。将种子液以 2%的比例接入 200 mL 产酶培养基内,置于摇床上在 55 ℃、180 r/min 条件下培养 5 d。

2. 发酵液的预处理

采用双层定性滤纸对发酵液进行抽滤,除去发酵液内玉米芯粉末及菌丝体,收集滤液。将滤液于 4 ℃、10000 r/min 条件下离心 10 min 后收集上清液。采用考马斯亮蓝法检测发酵液中蛋白质的含量,采用 DNS 比色法检测发酵液中木聚糖酶的酶活力。

3. 硫酸铵的分级沉淀

将制备好的无菌上清液预冷到 0~4 ℃,分别取 6 份上清液各 10 mL,边搅拌边缓慢向上清液中添加经过研磨的硫酸铵粉末(不能一次性把硫酸铵倒入到上清液中,须边加边搅拌),使其充分溶解,分别使各份上清液中硫酸铵饱和度达 20%、30%、40%、50%、60%、70%,继续搅拌约 30 min,冷冻离心分离沉淀物(3000 r/min,5 min),分别向沉淀物中添加 1 mL 的 25 mmol/L 的磷酸盐缓冲液使沉淀溶解,分别测定各溶液中蛋白质含量和木聚糖酶的酶活力。

 实验结果

参考本篇"生物分离工程实验测定方法"中蛋白质含量测定和木聚糖酶酶活力测定的方法进行测定。

1. 样品中蛋白质含量的测定及计算结果(表 3-8-1)

表 3-8-1 样品蛋白浓度测定

试管编号	1	2	3	4	5	6	7
硫酸铵饱和度	原液	20%	30%	40%	50%	60%	70%
样品用量/mL	1.0	1.0	1.0	1.0	1.0	1.0	1.0
考马斯亮蓝 G-250 用量/mL	5	5	5	5	5	5	5
$A_{595\,nm}$							
稀释倍数							
BSA 浓度/(μg/mL)							

2. 样品中催化生成的木糖含量的测定及其计算结果(表 3-8-2)

表 3-8-2 样品木聚糖酶活力测定

试管编号	0	1	2	3	4	5	6	7
硫酸铵饱和度	空白	原液	20%	30%	40%	50%	60%	70%
酶样品用量/mL	0.2	0.2	0.2	0.2	0.2	0.2	0.2	0.2
木聚糖用量/mL	1.8	1.8	1.8	1.8	1.8	1.8	1.8	1.8
DNS/mL	3	3	3	3	3	3	3	3
$A_{540\,nm}$								
木糖质量/μg								
稀释倍数								
木聚糖酶活力/(IU/mL)								

3. 酶比活力计算

（1）分别测定发酵上清液在各硫酸铵饱和度下沉淀出的蛋白质含量及其所对应的木聚糖酶活力,分别计算比活力、提纯化倍数和提取率(表3-8-3)。

表3-8-3　不同饱和度硫酸铵分级沉淀木聚糖酶的比较

序号	硫酸铵饱和度/(%)	硫酸铵添加量/g	酶蛋白溶液体积/mL	蛋白质含量/(mg/mL)	酶活力/(IU/mL)	总活力	比活力/(IU/mg蛋白质)	提纯倍数	提取率/(%)
0	0	0	10						
1	20%	1.14	1						
2	30%	1.76	1						
3	40%	2.43	1						
4	50%	3.13	1						
5	60%	3.90	1						
6	70%	5.61	1						

注:①酶比活力是指样品中单位蛋白质(每毫克蛋白质或每毫克蛋白氮)所含的酶活力单位;
②提纯倍数是指提纯后蛋白液的比活力与粗蛋白液的比活力之比值;
③提取率是指提纯后酶蛋白液的总活力与处理前酶蛋白液的总活力之比;
④总活力＝酶活力(IU/mL)×酶蛋白液总体积。

（2）以硫酸铵饱和度为横坐标,木聚糖酶酶活力为纵坐标,绘制不同硫酸铵饱和度对木聚糖酶沉淀的影响效果图,提出采用硫酸铵分级沉淀法纯化木聚糖酶的实验方案。

思考题

（1）高浓度的硫酸铵对蛋白质的溶解度有何影响? 为什么?
（2）设计蛋白质分级沉淀试验时,应注意哪些问题?

（郭小华）

实验九
木聚糖酶的分级沉淀提取
——有机溶剂分级沉淀法

 实验目的

了解有机溶剂分级沉淀法提取分离酶及活性蛋白质的实验原理,确定有机溶剂分级沉淀法纯化木聚糖酶的实验方案,掌握蛋白质分离纯化效果的评价方法。

 实验原理

有机溶剂分级沉淀法也是一种分级沉淀纯化酶的方法,其作用机制是:一方面,有机溶剂破坏蛋白质的氢键,使其空间结果发生某种程度的变形,致使一些原来包在蛋白质内部的疏水基团暴露于表面,并与有机溶剂的疏水基团结合,形成疏水层,从而使蛋白质沉淀;另一方面,有机溶剂的加入使蛋白质溶液的介电常数降低,增加了蛋白质分子电荷间的引力,导致蛋白质的溶解度下降。由于不同种类的蛋白质在有机溶剂中的溶解度不同,故该方法可用于酶或蛋白质的分级提纯。乙醇和丙酮是常用的有机沉淀剂。

 实验仪器与试剂

本实验采用丙酮作为沉淀剂,其他仪器和试剂同本篇实验八。

 实验方法

1. 微生物培养与上清液制备

同本篇实验八。

2. 丙酮的分级沉淀

取一定体积由本篇实验八提取的粗酶液,边搅拌边缓慢加入所需的冷丙酮试剂,待酶液产生沉淀时,冷冻离心分离,记录上清液体积。

分别将丙酮和制备出的无菌上清液预冷到 0～4 ℃,分别取 6 份上清液各 10 mL,边搅拌边缓慢向上清液中加入冰丙酮试剂,使得丙酮在各份上清液中的浓度分别为 5％、10％、15％、20％、25％、30％。待酶液产生沉淀时,继续搅拌约 30 min,冷冻离心分离沉淀物(3000 r/min,5 min),分别向沉淀物中添加 1 mL 的 25 mmol/L 的磷酸盐缓冲液使沉淀溶解,分别测定各溶液中蛋白质含量和木聚糖酶酶活力。

 实验结果

1. 蛋白质含量的测定

样品中蛋白质含量的测定方法同本篇实验八,标准曲线采用表 3-8-1 的结果,并将实验结果记录于表 3-9-1 中。

表 3-9-1　样品中蛋白质含量的测定

试 管 编 号	1	2	3	4	5	6	7
丙酮浓度/(%)	0(原液)	5	10	15	20	25	30
样品用量/mL	1.0	1.0	1.0	1.0	1.0	1.0	1.0
考马斯亮蓝 G-250 用量/mL	5	5	5	5	5	5	5
$A_{595\,nm}$							
稀释倍数							

2. 木聚糖酶酶活力测定(DNS 比色法)

木聚糖酶酶活力测定的方法同本篇实验八,标准曲线采用表 3-8-2 的结果,并将实验结果记录于表 3-9-2 中。

表 3-9-2　木糖标准曲线的制作与木聚糖酶酶活力的测定

试 管 编 号	0	1	2	3	4	5	6	7
丙酮浓度/(%)	0(空白)	0(原液)	5	10	15	20	25	30
酶样品用量/mL	0.2	0.2	0.2	0.2	0.2	0.2	0.2	0.2
底物木聚糖用量/mL	1.8	1.8	1.8	1.8	1.8	1.8	1.8	1.8
DNS/mL	3	3	3	3	3	3	3	3
$A_{540\,nm}$	0							
木糖质量/μg	0							
稀释倍数	0							
木聚糖酶酶活力/(IU/mL)	0							

3. 结果报告

(1)分别测定发酵上清液在不同丙酮浓度下沉淀出的蛋白质含量及其所对应的木聚糖酶酶活力,分别计算酶比活力、提纯倍数和提取率(表 3-9-3)。

表 3-9-3 丙酮分级沉淀木聚糖酶的比较

序号	丙酮浓度 /（%）	丙酮添加量 /mL	酶蛋白液体积 /mL	蛋白质含量 /（mg/mL）	酶活力 /（IU/mL）	总活力	酶比活力 /（IU/mg 蛋白质）	提纯倍数	提取率 /（%）
0	0	0	10						
1	5	0.67	1						
2	10	1.41	1						
3	15	2.24	1						
4	20	3.17	1						
5	25	4.23	1						
6	30	5.44	1						

注：① 酶比活力是指样品中单位蛋白质(每毫克蛋白质或每毫克蛋白氮)所含的酶活力单位；

② 提纯倍数是指提纯后酶蛋白液的比活力与粗酶蛋白液的比活力的比值；

③ 提取率是指提纯后酶蛋白液的总活力与处理前酶蛋白液的总活力之比；

④ 总活力＝酶活力(IU/mL)×酶蛋白液总体积。

（2）以丙酮浓度为横坐标，木聚糖酶酶活力为纵坐标，绘制丙酮浓度分级对木聚糖酶沉淀的影响效果图。比较硫酸铵分级沉淀木聚糖酶的实验结果，提出丙酮分级沉淀木聚糖酶的实验方案。

思考题

（1）浓度较高的乙醇、丙酮对大部分蛋白质会产生什么影响？

（2）设计蛋白质分级沉淀实验时，应注意哪些问题？

（熊海容）

生物分离工程实验
测定方法

一、蛋白质含量测定(考马斯亮蓝法)

1. 标准曲线制作

将 0.1 mg/mL 的牛血清白蛋白(BSA)用 0.1 mol/L 的氯化钾溶液稀释,分别配成 20 μg/mL、40 μg/mL、60 μg/mL、80 μg/mL、100 μg/mL 的标准液,取 1 mL 标准液与 5 mL 的考马斯亮蓝 G-250 溶液混匀,在室温下保持 10 min,在 595 nm 波长下测定吸光度 (A),制作标准曲线,并将实验结果记录在表 3-10-1 中。

表 3-10-1 蛋白质标准曲线的测定

试管编号	0	1	2	3	4	5
标准 BSA 母液用量/mL	0	0.2	0.4	0.6	0.8	1.0
蒸馏水用量/mL	1.0	0.8	0.6	0.4	0.2	0
BSA 浓度/(μg /mL)	0	20	40	60	80	100
考马斯亮蓝 G-250 用量/mL	5.0	5.0	5.0	5.0	5.0	5.0
$A_{595\ nm}$						

注:牛血清白蛋白母液浓度为 100 μg /mL。

2. 样品中蛋白质含量测定

将萃取后的下相液经一定比例稀释,取 1 mL 稀释液与 5 mL 的考马斯亮蓝 G-250 溶液混匀,在室温下保持 10 min,在 595 nm 波长下测定吸光度,并由标准曲线计算样品中蛋白质含量。

二、鹅去氧胆酸(CDCA) 浓度测定(浓硫酸乙酸酐法)

1. 溶液配制

乙酸乙酯-浓硫酸溶液(15:1,体积比):量取乙酸乙酯 150 mL,缓慢加入浓硫酸 10 mL,混合均匀。

2. 标准曲线的制作

(1) 精确称取鹅去氧胆酸标准品 200 mg,加入 15:1 的乙酸乙酯-浓硫酸溶液溶解,配成 2.0 mg/mL 的标准溶液(须现用现配)。

(2) 分别吸取上述标准溶液 0.2 mL、0.4 mL、0.6 mL、0.8 mL、1.0 mL、1.2 mL 于试管中,分别用 15:1 的乙酸乙酯-浓硫酸溶液稀释至 3 mL,摇匀,加入 2 mL 乙酸酐,轻轻振摇,室温下反应 15 min,用 1 cm 具塞比色皿,在 615 nm 波长下测定吸光度。空白对照为不加鹅去氧胆酸标准品,直接加 15:1 的乙酸乙酯-浓硫酸溶液 3 mL,其余操作同前。以吸取的鹅去氧胆酸标准品质量(mg)为纵坐标,吸光度为横坐标,绘制标准曲线,作线性回归,求线性方程和相关系数 R^2。

3. 样品液分析

吸取适量样品溶液于试管中,在沸水浴中将其蒸干,冷却至室温。加 15:1 的乙酸乙酯-浓硫酸溶液 3 mL,充分振摇使其完全溶解。其余操作与标准曲线制作法的相同。利用标准曲线线性方程计算样品溶液中鹅去氧胆酸的质量浓度(mg/mL)。

三、木聚糖酶酶活力测定(DNS 比色法)

1. 试剂配制

(1) DNS 试剂的配制

称取酒石酸钾钠 182.0 g,溶于 500 mL 蒸馏水中,加热(低于 50 ℃),在热溶液中依次缓慢加入 3,5-二硝基水杨酸(DNS)6.3 g,固体氢氧化钠 21.0 g,重蒸酚 5.0 g,无水亚硫酸钠 5.0 g,搅拌至完全溶解,冷却后用蒸馏水定容至 1000 mL,储存于棕色瓶中,在室温下保存 48 h 后使用。

(2) 50 mmol/L 磷酸盐-柠檬酸缓冲液(pH6.50)的配制

称取 87.085 g(0.5 mol/L)磷酸氢二钾(K_2HPO_4)于烧杯中,加水至 800 mL,搅拌至完全溶解,用柠檬酸调节 pH 值至 6.50,再转入 1000 mL 容量瓶中定容,使用时稀释 10 倍。

(3) 1% 木聚糖-磷酸盐-柠檬酸缓冲液(pH6.50)

称 5.000 g 木聚糖(Sigma,T-0627)于烧杯中,加入 50 mmol/L 磷酸盐-柠檬酸缓冲液(pH6.50)溶解,并转入 1000 mL 容量瓶中定容,4 ℃保存。

(4) 标准木糖溶液

准确称量 0.250 g 木糖(分析纯)于烧杯中,加入 50 mmol/L 柠檬酸-磷酸缓冲液(pH6.50)搅拌溶解,并转入 250 mL 容量瓶中定容,即得到 1 mg/mL 标准木糖溶液,于 4 ℃温度下保存,做标准曲线时需要用磷酸盐-柠檬酸缓冲液稀释 4 倍使用。

2. 标准曲线的制备

取 7 支具塞试管,将其分别编号为 0、1、2、3、4、5、6,以 0.25 mg/mL 标准木糖溶液为母液分别按照 10 倍、20 倍、30 倍、40 倍、50 倍、60 倍稀释,取稀释液 2 mL 分别与 3 mL DNS 试剂充分混合,置沸水浴中煮沸 5 min,然后迅速用冷水将其冷却至室温,以 1 号管作为参比,于 540 nm 波长下测定吸光度(表 3-10-2)。以木糖量为横坐标 X(mg),吸光度

(A)作为纵坐标 Y，制作标准曲线，并求出回归方程。

表 3-10-2　木糖标准曲线制作与木聚糖酶酶活力测定

试管编号	0	1	2	3	4	5	6
木糖母液/mL	0	0.2	0.4	0.6	0.8	1.0	1.2
Buffer 用量/mL	2	1.8	1.6	1.4	1.2	1.0	0.8
DNS/mL	3	3	3	3	3	3	3
$A_{540\,nm}$	0						
木糖质量/μg	0	50	100	150	200	250	300

注：标准木糖母液浓度为 0.25 mg/mL。

3. 酶活力的测定

空白对照：用移液器取 1.8 mL 0.5％木聚糖-50 mmol/L 磷酸盐-柠檬酸缓冲溶液（pH6.50），放入具塞试管内，混匀，在 60 ℃恒温下准确反应 10 min，加入 3 mL DNS，混匀，加入 0.2 mL 经适当稀释后的粗酶液，置于沸水浴中煮沸 5 min，迅速用冷水将其冷却至室温，即为空白对照。

样品测定：用移液器吸取 1.8 mL 0.5％木聚糖-50 mmol/L 磷酸盐-柠檬酸缓冲溶液（pH6.50）和 0.2 mL 经适当稀释的粗酶液，放入具塞试管内，混匀，在 60 ℃恒温下准确反应 10 min，加入 3 mL DNS，混匀，置于沸水浴中煮沸 5 min，迅速用冷水将其冷却至室温，在 540 nm 波长下测定吸光度，以空白对照作为参比。做 3 次平行试验，取平均值，代入标准曲线的回归方程，并根据酶活力定义计算酶活力。

4. 酶比活力的计算

（1）酶活力单位定义

1 个木聚糖酶活力单位（IU）定义为在给定的条件下，每分钟水解木聚糖生成的木糖质量。

（2）酶活力计算方法

$$酶活力（IU/mL）=\frac{W\times D_f\times 1000}{150.13\times 10\times 0.2}$$

式中：W 表示酶解产生的木糖质量（mg），由标准曲线得到；

D_f 表示稀释倍数；

150.13 表示木糖的相对分子质量；

1000 为将 mmol 转化成 μmol 换算的系数；

10 为在给定条件下酶解反应的准确时间（min）；

0.2 为经适当稀释后的粗酶液的体积（mL）。

（3）酶比活力

酶比活力单位的定义为每毫克酶所含的酶活力单位。

采用考马斯亮蓝法测定样品溶液中蛋白质含量，并在最适温度与 pH 值条件下测得酶活力，由此计算酶比活力。

四、酒石酸亚铁分光光度法测定茶多酚含量

1. 溶液配制

（1）茶多酚标准溶液的配制

准确称取 0.2 g 茶多酚纯品（含量≥98%），用蒸馏水溶解后，移入 1000 mL 的容量瓶并稀释至刻度，摇匀，配成 0.2 g/L 的茶多酚标准溶液。

（2）酒石酸亚铁溶液的配制

准确称取 0.1 g 硫酸亚铁（$FeSO_4 \cdot 7H_2O$）和 0.5 g 酒石酸（$KNaC_4H_4O_8 \cdot 4H_2O$），将两者混合，用蒸馏水溶解后，移入 100 mL 的容量瓶中并稀释至刻度，摇匀。

（3）磷酸盐缓冲液（pH7.5）的制备

磷酸氢二钠溶液：准确称取分析纯磷酸氢二钠 2.969 g，用蒸馏水溶解，移入 250 mL 的容量瓶中，加水稀释至刻度，摇匀。该液称为 A 液。

磷酸二氢钾溶液：准确称取分析纯的磷酸二氢钾 2.2695 g，用蒸馏水溶解，移入 250 mL 的容量瓶中，加水稀释至刻度，摇匀。该液称为 B 液。

取 A 液 85 mL、B 液 15 mL 混匀，即为 pH7.5 的磷酸盐缓冲液。

2. 标准曲线的制作

分别吸取 0 mL、1.0 mL、2.0 mL、3.0 mL、4.0 mL、5.0 mL 的茶多酚标准溶液置于一系列 20 mL 的刻度试管中，加入蒸馏水 4 mL，再加入酒石酸亚铁溶液 5 mL，用 pH7.5 的磷酸盐缓冲液稀释至 20 mL 的刻度，摇匀，用分光光度计在 540 nm 波长处（可见光），用 1 cm 比色皿分别测定吸光度。空白参比操作同前，但不放茶多酚标准溶液。以容量瓶中茶多酚的绝对量（mg）为横坐标，吸光度为纵坐标，绘制标准曲线，并作线性回归，求回归方程。

3. 样品测定

吸取 1 mL 经一定稀释的样品液置于 20 mL 的刻度试管中，加入 4 mL 蒸馏水，再加入酒石酸亚铁溶液 5 mL，用 pH 值为 7.5 的磷酸盐缓冲溶液稀释至刻度，摇匀，在 540 nm 波长处，用 1 cm 比色皿比色，空白参比液同标准曲线的，测量吸光度（A）。根据标准曲线，计算茶多酚绝对量（mg），然后求得茶多酚的含量（mg/mL）。

第四篇　生物工程综合大实验

实验一
红法夫酵母发酵
生产虾青素

实验目的

掌握微生物发酵培养基响应面优化方法,了解气升式发酵罐培养的方法及发酵参数的测定原理,确定菌种发酵、产物分离纯化的最优化工艺。

实验原理

虾青素(astaxanthin)的结构式如图 4-1-1 所示,化学名为 3,3′-二羟基-β,β′-胡萝卜素-4,4′-二酮,分子式为 $C_{40}H_{52}O_4$,相对分子质量为 596.86,吸收光谱表明其分子结构中含有一个共轭多烯结构,含有氧功能团,属于叶黄素族。虾青素广泛存在于生物界,在甲壳纲动物(如对虾、蟹等)、鱼类(如鲑鱼、虹鳟鱼等)及鸟类(如红鹤、火鸡等)中含量丰富。虾青素是一种重要的类胡萝卜素,具有优良的色素沉积作用并能促进动物发育,更具有超强的抗氧化活性及较强的抗肿瘤活性。由于化学合成的虾青素在应用和安全性上的局限,人们对天然来源的虾青素需求量越来越大,而利用微生物(如红法夫酵母)发酵生产虾青素是当前研究的热点。

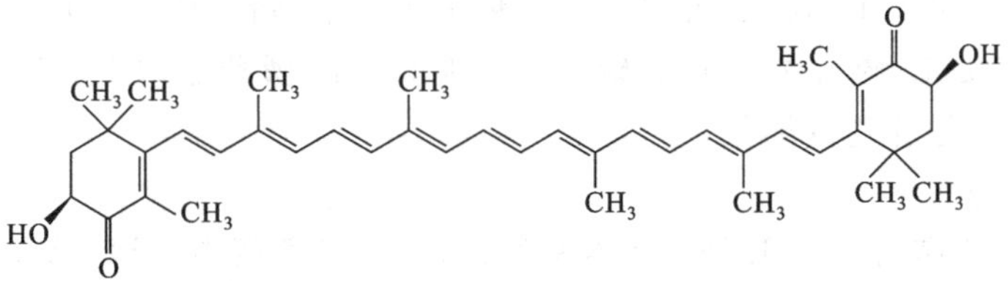

图 4-1-1 虾青素的结构式

培养基优化是指面对特定的微生物,通过实验手段配比和筛选找到一种最适合其发酵的培养基,以期达到生产最大发酵产物的目的。响应面法(response surface methodology,RSM)是综合实验分析和数学建模最经济、合理的实验设计,它以回归法作为函数恒算工具,通过近似多项式,把因子与试验结果(响应值)的关系函数化,以此对因子进行面分析,研究因子与响应值之间、因子与因子之间的相互关系,弥补了以前仅做正交优化的不足。

摇瓶发酵过程中的参数如最佳培养温度、培养基 pH 值、摇床转速、接种量等对发酵结果有着重要的影响,小型发酵罐中合适的培养参数如通气量、搅拌转速等工艺条件都需要通过实验来进行确定。发酵液预处理、产物提取与纯化工艺也都需要通过实验来进行确定,以便制订一个比较合适的产物发酵生产工艺。

 实验仪器与试剂

1. 仪器

全自动气升式发酵罐、恒温振荡培养箱、分光光度计、恒温水浴锅、天平、电炉、超净工作台、灭菌锅、离心机、高效液相色谱(HPLC)仪、层析仪等。

2. 试剂

葡萄糖、蔗糖、酵母浸粉、磷酸二氢钾、硫酸铵、磷酸氢钠、硫酸镁等。

 实验题目

(1)红法夫酵母发酵培养基优化(响应面法)。

(2)红法夫酵母发酵条件优化。

(3)气升式发酵罐中红法夫酵母发酵过程动力学曲线及参数测定。

(4)产物萃取与纯化工艺。

 实验方法

1. 菌种

红法夫酵母(*Xanthophyllomyces dendrorhous*)在 4 ℃ 条件下保藏于 YM 培养基。

2. 培养基与培养方法

(1)培养基

YM 培养基(斜面培养基)的配制:葡萄糖 10 g/L、酵母浸粉 3 g/L、蛋白胨 5 g/L、麦芽汁 3 g/L、琼脂 20 g/L,调 pH 值为 5.0。种子培养基(筛选培养基)的配制:葡萄糖 30 g/L、酵母浸粉 5 g/L、硫酸铵 6 g/L、磷酸二氢钾 6 g/L、磷酸氢钠 1 g/L、硫酸镁 5 g/L,pH 值自然。发酵培养基待优化。

(2)培养方法

将菌种接种于装有 30 mL 种子培养基的 250 mL 三角瓶中,于 20 ℃、200 r/min 条件下培养 48 h 制成种子液。将种子液按照 9% 的接种量接种于装有 30 mL 种子培养基的 250 mL 三角瓶中,于 20 ℃、200 r/min 条件下培养 96 h 后收获菌体。

3. 发酵条件研究

利用种子培养基研究种子液种龄、接种量、摇床转速、通气量、温度及初始 pH 值等发酵条件对红法夫酵母发酵生产虾青素的影响。

4. 培养基优化

确定葡萄糖、酵母浸粉为主要影响因素,进行中心组合实验设计(表 4-1-1),定义变量

x_i 与自变量真实值 X_i 的关系式为：

$$x_i = (X_i - X_0)/\Delta x_i \qquad (1)$$

式中：X_0 为自变量在实验中心点处的真实值；

Δx_i 为自变量变化步长。

将实验数据拟合得到一个预测响应变量（虾青素产量）与自变量（葡萄糖、酵母浸粉浓度）关系的二次回归多项式方程：

$$y = b_0 + \sum_{i=1}^{k} b_i x_i + \sum_{i=1}^{k} b_{ii} x_i^2 + \sum_{i}^{k} \sum_{j}^{k} b_{ij} x_i x_j \qquad (2)$$

式中：y 为预测响应变量即虾青素产量；

b_0 为截距；

b_i 为线性系数；

b_{ij} 为交互作用系数；

b_{ii} 为平方系数；

x_i、x_j 为自变量的编码水平。

表 4-1-1　中心组合实验设计

Run	x_1 葡萄糖浓度/(g/L)	x_2 酵母浸粉浓度/(g/L)	y 虾青素产量/(mg/L)
1	−1	−1	
2	−1	1	
3	1	−1	
4	1	1	
5	0	0	
6	0	0	
7	0	0	
8	0	0	
9	1.414	0	
10	−1.414	0	
11	0	1.414	
12	0	−1.414	

利用 Design-Expert 7.0.0 软件(Stat-Ease Inc.,USA)处理实验数据，并进行方差分析(表 4-1-2)。

表 4-1-2　方差分析

方差来源	自由度	平方和	均方差	F	P
模型	5				
x_1	1				
x_2	1				

续表

方差来源	自由度	平方和	均方差	F	P
$x_1 x_2$	1				
x_1^2	1				
x_2^2	1				
残项	7				
失拟项	3				
误差	4				
总离差	12				

C. V. %（变异系数）=　　　　　　R^2 =　　　　　　Adj R^2（校正决定系数）=

5. 虾青素的萃取工艺

研究溶剂类型、料液比等操作条件对红法夫酵母发酵生产虾青素萃取工艺的影响。

6. 虾青素的分离纯化工艺

研究利用层析柱对类胡萝卜素中虾青素进行分离纯化的操作条件（如上样量、洗脱液的选择、流速等）对虾青素分离纯化的影响。

 实验结果

（1）通过查询文献资料，写出所选实验题目的实验方案和具体实验方法。

（2）自己设计表格记录实验数据。

（3）用图、表记录实验结果。

（4）对实验结果作出结论，并进行分析和讨论。

 **思考题**

（1）绘制虾青素生产工艺流程图。

（2）还有哪些方法有利于红法夫酵母发酵生产虾青素？

（汪文俊）

实验二
土霉素摇瓶发酵实验

 实验目的

熟悉放线菌的微生物学特性及培养方法,了解抗生素发酵的一般规律和代谢调控理论,掌握土霉素摇瓶发酵技术及发酵条件优化方法,熟悉土霉素提取纯化方法,掌握比色法和管碟法测定抗生素效价的方法。

 实验原理

土霉素是四环类抗生素,其结构中含有四并苯的基本母核,随着环上取代基的不同或位置的不同而构成不同种类的四环素类抗生素。其结构和命名见图 4-2-1。

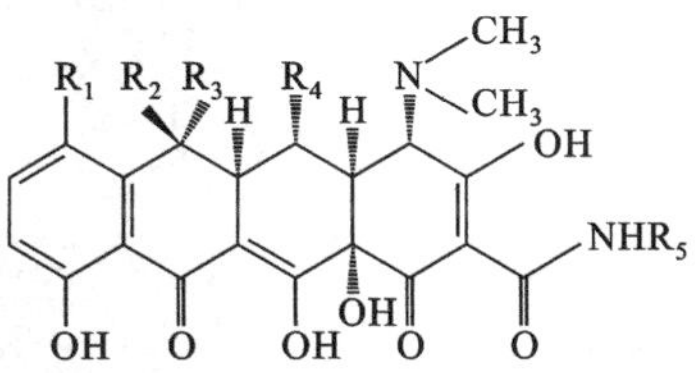

图 4-2-1 四环素类抗生素的结构式

表 4-2-1 列出了几种四环素类抗生素及不同位置上的取代基。

表 4-2-1 几种常见四环素类抗生素及取代基

	R_1	R_2	R_3	R_4	R_5
土霉素	H	OH	CH_3	OH	H
四环素	H	OH	CH_3	H	H
金霉素	Cl	OH	CH_3	H	H
去甲基金霉素	Cl	OH	H	H	H
多西环素	H	H	CH_3	OH	H
米诺环素	$N(CH_3)_2$	H	H	H	H
美他环素	H	$=CH_2$	—	OH	$CH_2(NH)CH(COOH)(CH_2)_4NH_2$

土霉素(terramycin)又称地霉素和氧四环素(oxytetracycline),为灰白色至黄色的结晶粉末,无臭,味苦。土霉素的盐酸盐为黄色结晶,味苦,有吸湿性,但水分和光线不影响其效价,在室温下长期保存不失效。其盐酸盐易溶于水,溶于甲醇,微溶于无水乙醇,不溶于三氯甲烷和乙醚,在酸性条件下不稳定。土霉素生产工艺简单、生产成本较低,可以作为饲料添加剂用于养殖业。实践表明:土霉素用于饲料添加剂,可以改善饲料转化效率,促进畜禽生长,提高畜禽抗疾病能力。目前,土霉素已经极少用于临床。若将其添加到饲料中,在室温下保存 4 个月,效价下降 4％～9％,制粒时效价下降 5％～7％。

土霉素具有广谱抗菌性,能特异性地与细菌核糖体 30S 亚基的 A 位置结合,抑制肽链的增长和影响细菌蛋白质的合成,能抑制动物肠道内的有害微生物。土霉素能抑制多种细菌、病毒及一部分原虫。许多立克次体属、支原体属、衣原体属和某些疟原虫对其敏感,其他如放线菌属、炭疽杆菌、梭状芽孢杆菌、弧菌、布鲁菌属等对其敏感。肠球菌属对其耐药。

土霉素是由龟裂链丝菌(*Streptomyces rimosus*)产生的,属放线菌属,具有发育良好的菌丝体,菌丝体分支,无隔膜,长短不一(图 4-2-2)。菌丝体有营养菌丝、气生菌丝和孢子丝之分,孢子丝再形成分生孢子。而龟裂链丝菌的菌落为灰白色(图 4-2-3),后期生褶皱,呈龟裂状。

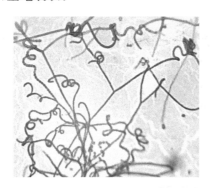

图 4-2-2　显微镜观察的菌丝形态

图 4-2-3　龟裂链丝菌的菌落形态

土霉素是典型的次级代谢产物,其发酵的特点之一即通常是在生长阶段(营养期)之后的生产阶段(分化期)合成的。龟裂链丝菌的生长和土霉素的生物合成受到许多发酵条件的影响,如温度、pH 值、溶氧量、接种量、泡沫情况等,同时还受到一些代谢调控机制的控制,如磷酸盐的调节作用、ATP 的调节作用和产生菌生长速率的调节等。图 4-2-4 是工业生产土霉素和分离纯化的工艺流程图。

(1) 分离纯化第一步:发酵液的预处理

土霉素因能和钙、镁等金属离子,某些季铵盐、碱等形成复合物而沉淀,在发酵过程中,这些复合物聚集在菌丝中,而在液体中浓度不高,因此,应对发酵液进行酸化的预处理使之释放出来,以保证沉淀的收率和质量。通常采用草酸作为酸化剂,其去钙较完全,析出的草酸钙还能促进蛋白质的凝结,提高滤液质量,草酸属于弱酸,比盐酸、硫酸等对设备的腐蚀性小,但其价格较贵,并促使差向土霉素等异构物的产生,因此在草酸做酸化剂时,温度必须在 15 ℃以下,且尽量缩短操作时间。通常在考虑土霉素稳定性和成品质量及成

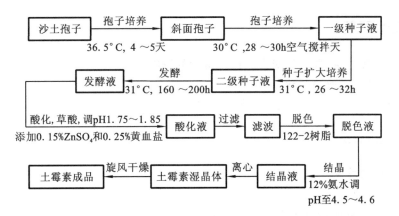

图 4-2-4 工业生产土霉素和分离纯化的工艺流程图

本的前提下,pH 值应控制在 1.6~1.9。

（2）分离纯化第二步:发酵液的纯化

发酵液中同时存在着许多有机物和无机物的杂质,为了进一步提高滤液质量,为直接沉淀创造有利条件,可加入黄血盐与硫酸锌协同作用除去蛋白质,同时除去铁离子(黄血盐和铁离子生成普鲁士蓝沉淀),并加入硼砂,以提高滤液质量。

（3）分离纯化第三步:滤液脱色

进一步除去滤液中的色素和有机杂质以提高滤液质量,将滤液通过 122-2 树脂进行脱色,该树脂在酸性滤液中氢离子不活泼,不能发生电离及离子交换作用,但能生成氢键,其生成的氢键能吸附溶液中带正电的铁离子、色素及其他有机杂质,故能使土霉素滤液的色泽和质量有所提高。

（4）分离纯化第四步:沉淀结晶

经预处理过的滤液加入碱化剂调 pH 值至等电点,使之沉淀继而从滤液中分离。通常使用氨水(含 2%~3% $NaHSO_3$ 或 Na_2CO_3 及尿素),既节约成本,又能起到抗氧化脱色作用,效果较好。条件控制为 pH 4.5~4.6,28~30 ℃,结晶通常需要 2 h。目前通常采用连续结晶法,经旋风分离,离心送至干燥室。

（5）分离纯化第五步:干燥

通常采用旋风干燥机干燥,并经除尘可得到最终产物。

 实验仪器与试剂

1. 仪器

超净工作台、恒温振荡摇床、离心机、真空过滤机、电磁炉、电子天平、分光光度计、恒温水浴锅、真空干燥仪、牛津杯、游标卡尺、恒温培养箱、高压灭菌锅等。

2. 试剂

可溶性淀粉、氯化钠、硝酸钾、三水磷酸氢二钾、七水硫酸镁、七水硫酸亚铁、琼脂、黄豆饼粉、硫酸铵、碳酸钙、玉米浆、磷酸二氢钾、氯化钴、淀粉酶、黄血盐、硼砂、硫酸锌、草酸、浓氨水、尿素、正丁醇、浓盐酸、丙酮等。

实验题目

（1）溶氧、接种量、温度等对发酵产土霉素的影响。

（2）土霉素的提取与纯化。

（3）土霉素效价的测定：比色法和管碟法。

 实验方法

1. 菌种与培养基

（1）实验菌种

龟裂链丝菌（购于武汉大学菌种保藏中心）。

（2）培养基

斜面高氏一号培养基的配制：加入可溶性淀粉 20 g/L、氯化钠 0.5 g/L、硝酸钾 1 g/L、三水磷酸氢二钾 0.5 g/L、七水硫酸镁 0.5 g/L、七水硫酸亚铁 0.01 g/L、琼脂15～20 g/L，调 pH 值为 7.4～7.6。

母瓶培养基的配制：加入可溶性淀粉 30 g/L、黄豆饼粉 3 g/L、硫酸铵 4 g/L、碳酸钙 5 g/L、玉米浆 4 g/L、氯化钠 5 g/L、磷酸二氢钾 0.15 g/L，调 pH 值为 7.0～7.2。

发酵培养基的配制：加入可溶性淀粉 150 g/L、黄豆饼粉 20 g/L、硫酸铵 14 g/L、碳酸钙 14 g/L、氯化钠 4 g/L、玉米浆 4 g/L、磷酸二氢钾 0.1 g/L、氯化钴 10 μg/mL、消沫剂 1 g/L、淀粉酶 1～2 g/L，调 pH 值为 7.0～7.2。

2. 斜面孢子的制备

在无菌条件下，从冷藏的产生菌的斜面孢子中，刮取适量孢子涂在斜面高氏一号培养基上，然后置于 37.0 ℃的恒温培养箱中培养 3 d，再置于 30 ℃的恒温培养箱培养 1 d。

3. 种子的制备

（1）摇瓶种子培养基的配制

按母瓶培养基成分配比配制培养基，加入淀粉酶液化后，再加入碳酸钙，待冷却后调 pH 值，分装，包装灭菌。

（2）接种

在超净工作台上，将长好的斜面孢子用无菌接种铲挖一块约 2 cm² 的培养基，接种于已灭菌的摇瓶种子培养基中。

（3）培养

将接种好的种子摇瓶置于 30 ℃恒温摇床上，转速为 230 r/min，培养约 28 h。

4. 发酵

（1）发酵瓶培养基的配制

发酵瓶培养基的配方以发酵培养基的配方为基础。摇瓶装液量依据实验题目而设计，制备方法同摇瓶种子培养基的制备。

（2）接种

在超净工作台上，将培养 28 h 的摇瓶种子接种于发酵瓶中，接种量一般为 10％或依据实验题目而设计。

（3）培养

将接种后的发酵瓶置于 30 ℃恒温摇床上摇 6～7 d,转速为 230 r/min。

（4）抗生素效价的测定（比色法）

发酵样品预处理:将发酵液倒入小烧杯,加草酸酸化至 pH 1.7～1.8,分别加 0.02 g/mL黄血盐、0.004 g/mL 硫酸锌（可不加）和 0.004 g/mL 硼砂,搅拌 10 min。过滤或离心,取 5 mL 上清液备测。

按表 4-2-2 配制溶液,摇匀,静止 20 min,在 480 nm 波长下测定吸光度,以土霉素效价为纵坐标,以吸光度为横坐标制作标准曲线。

表 4-2-2 土霉素标准曲线的绘制

编号 试剂	管号						
	0	1	2	3	4	5	6
1000 IU/mL 土霉素标准液/mL	0	0.4	0.8	1.2	1.6	2.0	2.4
0.01 mol/L HCl/mL	10	9.6	9.2	8.8	8.4	8.0	7.6
0.05% FeCl$_3$/mL	10	10	10	10	10	10	10

发酵液效价的测定:将发酵上清液适当稀释,取 1 mL 稀释液于试管中,加入 9 mL 0.01 mol/L 的 HCl,再加入 10 mL 0.05 %的 FeCl$_3$ 溶液,总体积为 20 mL。另取 1 支试管,加入 10 mL 0.01 mol/L 和 10 mL 0.05 %的 FeCl$_3$ 溶液作为空白对照。摇匀,静止 20 min,在 480 nm 波长下测定吸光度。用 Origin 或 Excel 软件绘制标准曲线,求出各个样品土霉素的效价。

5. 土霉素提取纯化

按照图 4-2-5 流程对发酵液进行提取纯化,获得土霉素的成品。

6. 土霉素效价测定（管碟法）

抗生素的生物检定是以抗生素对微生物的抗菌效力作为效价的衡量标准。微生物法测定抗生素的效价包括稀释法、比浊法和管碟法。管碟法是根据抗生素在含敏感试验菌的琼脂培养基中的扩散渗透作用,形成一定的抑菌圈,比较标准品和检品两者对试验菌的抑菌圈大小来测定供试品的效价。管碟法是目前抗生素效价测定的国际通用方法。

管碟法操作步骤包括试验用菌液、缓冲液、培养基、标准品与供试品溶液的制备,双碟的制备,放置牛津杯,滴加抗生素溶液,恒温培养和抑菌圈的测量等。将抗生素标准品和供试品各稀释成一定浓度比例（2∶1 或 4∶1）的两种溶液,加到同一平板的 4 个牛津杯中（图 4-2-6）,根据抗生素浓度对数和抑菌圈直径成线性关系的原理来计算供试品效价。

（1）求出 W 和 V

$$W=(SH+UH)-(SL+UL)$$
$$V=(UH+UL)-(SH+SL)$$

式中:UH 为供试品高剂量之抑菌圈直径;

UL 为供试品低剂量之抑菌圈直径;

SH 为标准品高剂量之抑菌圈直径;

SL 为标准品低剂量之抑菌圈直径。

(1)发酵液的预处理和过滤

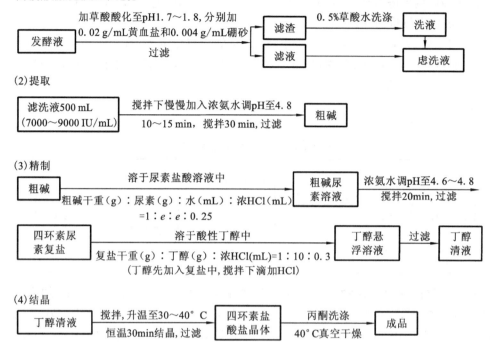

发酵液 → 加草酸酸化至pH1.7～1.8,分别加 0.02 g/mL黄血盐和0.004 g/mL硼砂 过滤 → 滤渣 → 0.5%草酸水洗涤 → 洗液 → 虑洗液

滤液 → 虑洗液

(2)提取

滤洗液500 mL (7000～9000 IU/mL) → 搅拌下慢慢加入浓氨水调pH至4.8 10～15 min,搅拌30 min,过滤 → 粗碱

(3)精制

粗碱 → 溶于尿素盐酸溶液中 粗碱干重(g):尿素(g):水(mL):浓HCl(mL) =1:e:e:0.25 → 粗碱尿素溶液 → 浓氨水调pH至4.6～4.8 搅拌20min,过滤 →

四环素尿素复盐 → 溶于酸性丁醇中 复盐干重(g):丁醇(g):浓HCl(mL)=1:10:0.3 (丁醇先加入复盐中,搅拌下滴加HCl) → 丁醇悬浮溶液 → 过滤 → 丁醇清液

(4)结晶

丁醇清液 → 搅拌,升温至30～40°C 恒温30min结晶,过滤 → 四环素盐酸盐晶体 → 丙酮洗涤 40°C真空干燥 → 成品

图 4-2-5 土霉素提取纯化流程

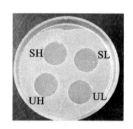

图 4-2-6 土霉素效价测定(管碟法)

（2）求出 θ

$$\theta = D \cdot \log(IV/W)$$

式中:θ 为供试品和标准品的效价比;

  D 为标准品高剂量与供试品高剂量之比,一般为 1;

  I 为高低剂量之比的对数,即 log2 或 log4。

（3）求出 P_r

$$P_r = A_r \times \theta$$

式中:P_r 为供试品实际单位数;

  A_r 为标准品单位数。

实验结果

（1）设计表格记录实验数据。

（2）用图、表汇总实验结果。

（3）对实验结果作出结论，并进行分析和讨论。

（1）绘制土霉素发酵工艺流程图。

（2）通过查阅资料，试述次级代谢产物的发酵规律和代谢调节机制。

（张　莉）

实验三
高温木聚糖酶的基因
重组、发酵、纯化及
酶学性质研究

 实验目的

熟悉基因工程菌的构建方法，了解和掌握酶的发酵、产物纯化的技术和方法，熟悉和掌握酶学性质的研究方法。

 实验原理

木聚糖是由木糖通过 β-1,4-糖苷键聚合而成的主链和一些侧链基团共同构成的，是一种杂合的多聚糖，占植物细胞干重 15%～35% 的半纤维素的主要成分即为木聚糖。木聚糖的主链需要内切-1,4-β-木聚糖酶（EC 3.2.1.8）进行随机催化水解，以降低聚合程度，生成不同长度的木寡糖，所产生的木寡糖和木二糖则由 β-木糖苷酶（EC 3.2.1.37）降解生成木糖。近年来木聚糖酶在动物饲料、纸浆加工、面包烘焙、酿酒、寡糖合成和生物乙醇生产方面得到了越来越广泛的应用。

大多数木聚糖酶的最适反应温度范围为 50～60 ℃。某些应用领域需要高温条件，天然的非耐热木聚糖酶的应用就会受到严格限制。在需要使用酶制剂的工业化生产中，高温过程常常不可避免或者对工艺有帮助，例如高温能加快生化反应速度，提高液体物料的流动性能，防止有害微生物在发酵过程中生长繁殖等。为了将木聚糖酶更好地投入生产应用，研究者们正不断深入利用基因工程的方法改进木聚糖酶的耐热性。

在完成基因修饰木聚糖酶后，为了更快、更方便地获得木聚糖酶的纯蛋白质，组氨酸标记（His-tag）方法常常用于突变体蛋白质的提纯。组氨酸标记作为一种较理想的亲和纯化短标签，能与镍离子特异性吸附，实现目标蛋白质特异性纯化。其具体的原理是：在蛋白质的 C-末端，利用基因工程手段添加一个重复的组氨酸序列（一般为 6 个重复的组氨酸），然后用镍离子亲和层析柱特异性吸附具有组氨酸尾端标记的目标蛋白质，最后用咪唑溶液洗脱该目标蛋白质，获得纯的突变体蛋白质。

实验仪器与试剂

1. 仪器

PCR 仪(BIO-RAD)、立式高速冷冻离心机(BACKMAM)、台式高速冷冻离心机(Eppendorf)、凝胶成像系统、SW-CJ-2FD 超净工作台、5 L 玻璃发酵罐、抽滤装置、HH-4 恒温水浴锅、计算机核酸蛋白质检测仪、数显恒流泵、稳压恒流电泳仪、752 型紫外分光光度计、PBS-3D 型酸度计、镍柱、XW-80A 旋涡混合器、JA1103N 精密天平、FA1004N 分析天平、恒温摇床、核酸电泳仪、电炉等。

2. 试剂

质粒 DNA 提取试剂盒和 DNA 回收纯化试剂盒,限制性内切酶 Nco I、Xho I 及 T₄ DNA 连接酶,Taq Master Mix,DNA 分子 Marker DS2000 和 DS15000,蛋白质分子 Marker(低)。D-木糖、木聚糖为 Sigma 公司产品。各种分子生物学所用常规试剂见实验方法中所述。

 实验题目

（1）组氨酸标记的木聚糖酶质粒的构建。

（2）组氨酸标记的木聚糖酶的表达与纯化。

（3）SDS-聚丙烯酰胺凝胶(PAGE)电泳鉴定木聚糖酶的纯度。

 实验方法

1. 实验材料

1）实验菌株及载体

含 *Thermomyces lanuginosus* DSM 10635 来源的木聚糖酶点突变基因的大肠杆菌工程菌由实验室构建与保藏;大肠杆菌(*Escherichia coli*)BL21(DE3)和表达载体 pET-22b(+)由中国农业科学院饲料研究所赠予。

2）合成引物

引物由南京金斯瑞生物科技有限公司合成。

3）培养基

（1）LB 培养基:1%(质量分数)蛋白胨,0.5%(质量分数)酵母浸粉,1%(质量分数)氯化钠,pH 值为 7.0 左右。配制固体 LB 培养基时在灭菌前加入 2% 的琼脂粉。

（2）SOC 培养基:2%(质量分数)蛋白胨,0.5%(质量分数)酵母浸粉,0.05%(质量分数)氯化钠,2.5 mmol/L 氯化钾,10 mmol/L 氯化镁,20 mmol/L 葡萄糖。葡萄糖须单独灭菌。

4）常用溶液的配制

（1）DNS 试剂:称取 6.3 g DNS 和 262 mL 2.0 mol/L 氢氧化钠溶液,加入 500 mL 含有 182 g 酒石酸钾钠的热水溶液中,再加入 5 g 重蒸酚和 5 g 亚硫酸钠搅拌,冷却后加水定容至 1000 mL,储存于棕色瓶中备用。

（2）50 mmol/L 柠檬酸-磷酸缓冲液:分别称取 11.4 g 磷酸氢二钾(含有 3 个结合水)置于 1 L 的烧杯中,加 800 mL 水溶解后用柠檬酸调节其 pH 值分别为 4.0、5.0、6.0、6.5、7.0、7.5,最后用去离子水定容至 1 L。

（3）50 mmol/L Tris-盐酸缓冲液(pH7.5、8.0、9.0):分别称取 6.056 g Tris-Base 加入约 800 mL 的去离子水中,搅拌溶解后用 1 mol/L 盐酸调 pH 值分别至 7.5、8.0、9.0,再用去离子水定容至 1 L。

（4）50 mmol/L 甘氨酸-氢氧化钠缓冲液(pH9.0、10.0):分别称取 15.01 g 甘氨酸加入约 800 mL 的去离子水中,搅拌溶解后分别用 1 mol/L 氢氧化钠溶液调 pH 值至 9.0、10.0,再用去离子水定容至 1 L。

（5）1 mol/L PBS 缓冲液储液（pH7.2～7.4）:分别称取氯化钠 80.06 g,氯化钾 2.01 g,磷酸氢二钠 15.4 g,磷酸二氢钾 1.905 g,加入约 800 mL 的去离子水中,搅拌溶解后用去离子水定容至 1 L,使用时稀释 50 倍。

（6）2 mol/L 咪唑溶液:称取 68.08 g 咪唑置于 1 L 的烧杯中,加入约 350 mL 的去离子水,搅拌溶解后,用去离子水定容至 500 mL。

（7）不同酸碱度的 0.5% 木聚糖溶液:准确称取 1.0 g 木聚糖置于三角瓶中,精确加入 200 mL 相应的缓冲液,煮沸数分钟至完全溶解,冷却至室温后用去离子水定容至 200 mL。

2. 实验操作步骤

1) 菌种活化

将氨苄青霉素(AMP)按 100 μg/mL 的比例加入熔化后冷却至 50 ℃左右的固体无菌 LB 培养基中,倒平板。在超净工作台上从于 -20 ℃条件下保藏菌种的 EP 管中分别取 20 μL 菌液至 20 mL 无菌生理盐水中,摇匀。分别取混匀后的菌液 100 μL 均匀涂布于平板上,于 37 ℃倒置过夜培养(14 h)。

2) 感受态细胞制备

（1）用牙签挑取大肠杆菌 BL21(DE3)单菌落,接种于含 1 mL 无菌 LB 培养基的 1.5 mL EP 管中,于 37 ℃、220 r/min 摇床培养 3 h。

（2）取上述菌液 20 μL 接种到含 20 mL 无菌液体 LB 培养基的三角瓶中,于 37 ℃、220 r/min 摇床上培养 3 h,当到 2.5 h 左右时每隔 30 min 测一次吸光度,至 $A_{600\,nm} \leqslant 0.5$ 时停止振荡培养。

（3）在无菌超净工作台上取上述菌液于 50 mL 灭菌离心管中,冰上静置冷却 10 min 后,于 4 ℃、5000 r/min 离心 10 min,在无菌条件下倒净上清液于废液烧杯中,立即加入 8 mL 冰冷的 0.1 mol/L 氯化钙溶液,用微量移液器轻轻打匀,冰上放置 30 min。

（4）在 4 ℃时,以 5000 r/min 离心 10 min,在无菌条件下倒净上清液,立即加入 4 mL 0.1 mol/L 氯化钙溶液,用微量移液器轻轻打匀,冰上放置 10 min。

（5）在 4 ℃时,以 5000 r/min 离心 10 min,在无菌条件下倒净上清液,立即加入 2 mL 0.1 mol/L 氯化钙溶液,将沉淀溶解后加入等体积的 40% 灭菌甘油,混匀,以 50 μL 体积分装到 1.5 mL 无菌离心管中,于 -20 ℃冰箱中保存。

3）含表达载体 pET-22b(＋)的质粒提取

根据试剂盒说明书操作。

4）菌液的 PCR 扩增及产物检测

（1）挑取大肠杆菌 C12-6 单菌落，接种于含 1 mL 无菌 LB 培养基的 1.5 mL EP 管中，于 37 ℃、220 r/min 摇床培养 3 h。

（2）目的片段 PCR 扩增体系：

2×Taq Mixture	25 μL
Primer F	1 μL
Primer R	1 μL
菌液	1 μL
ddH$_2$O	22 μL
总体积	50 μL

（3）PCR 的扩增条件为：94 ℃，5 min；95 ℃，30 s，67 ℃，30 s，72 ℃，45 min（总共循环 30 次）；72 ℃，10 min。

（4）PCR 产物用 1.5% 琼脂糖凝胶电泳检测。

5）凝胶回收和试剂盒回收 PCR 产物

根据试剂盒说明书操作。

6）质粒及 PCR 产物的双酶切、酶切产物的回收

（1）在冰上操作，按下列试剂量加入酶切反应体系：

10×K Buffer	3 μL
0.1% 牛血清白蛋白(BSA)	3 μL
限制性内切酶 Nco I	1 μL
限制性内切酶 Xho I	1 μL
质粒 pET-22b(＋) 或目的片段	22 μL
总体积	30 μL

（2）轻轻混匀上述试剂，瞬时离心，置于 37 ℃ 条件下酶切过夜。

（3）双酶切产物的回收：方法同 PCR 产物的凝胶回收。

7）目的片段与载体质粒的连接

（1）目的片段与载体质粒按下列体系进行连接：

10×T$_4$ Buffer	2.5 μL
T$_4$ DNA 连接酶(Ligase)	1 μL
目的片段	10 μL
质粒 pET-22b(＋)	10 μL
ddH$_2$O	1.5 μL
总体积	25 μL

将含有上述连接体系的 PCR 管置于 16 ℃的低温培养箱,水浴连接 8 h。之后进行连接产物的转化,即将含有目的片段的载体质粒转化进入大肠杆菌 BL21(DE3)宿主细胞。

(2) 取－20 ℃保存的大肠杆菌 BL21(DE3)于冰上冻融,在超净工作台中加入全部连接产物,拨打离心管底部使菌液混匀,靠近恒温水浴锅在冰上放置 30 min。

(3) 将混合有质粒的感受态细胞的离心管在 42 ℃恒温水浴锅中严格地静置保温 90 s,取出后在冰上放置 30 min。

(4) 在转化后的离心管中加入 1 mL 灭菌的 SOC 培养基,于 37 ℃、220 r/min 条件下培养 30～60 min。

(5) 将转化后的菌液取 100 μL 均匀涂布于含有 AMP 的固体 LB 培养基平板上,于 37 ℃条件下培养 16 h。

8) 重组木聚糖酶基因的 PCR 鉴定及表达产物的鉴定

(1) 从转化的固体 LB 培养基平板上选取 5 个相对生长旺盛的菌落,接种到含有 100 μg/mL AMP 的无菌 SOC 培养基的 1.5 mL 离心管中,于 37 ℃、250 r/min 摇床培养 3 h。取 0.5 μL 菌液按之前"菌液的 PCR 扩增及产物检测"中所述条件,PCR 扩增体系减半进行 PCR 扩增。

(2) PCR 扩增结果为阳性的菌株分别取 200 μL 接种到几个含有 20 mL 的 LB 培养基的摇瓶中,于 37 ℃、250 r/min 培养 4 h 后,加入终浓度为 1 mmol/L 的异丙基-β-D-硫代吡喃半乳糖苷(IPTG)进行诱导表达 5 h。

(3) 分别取 1 mL 培养液以 12000 r/min 离心 1 min 后,用 DNS 比色法测定上清液是否有酶活力。

(4) 选择一个酶活力相对较大的克隆,取 1 mL 菌液测序,并保存好菌株。

9) 重组木聚糖酶的诱导表达

(1) 取上述重组木聚糖酶培养物 200 μL 接入含有 20 mL 的 LB 培养基的三角瓶中,于 37 ℃、220 r/min 摇床培养过夜。

(2) 在 5 L 的玻璃发酵罐中加入 3 L LB 培养基,在卧式灭菌锅中于 121 ℃灭菌 20 min。

(3) 灭菌完成后放回发酵罐底座,连接好各种管路,至温度冷却到 37 ℃时,接入含有 3 mL AMP 的种子液,培养 12 h 后加入 1 mol/L 的 IPTG 3 mL 诱导 48 h。取样,用 DNS 比色法测定发酵液的酶活力。

10) 硫酸铵沉淀重组木聚糖酶

(1) 发酵完成后,将发酵液于 4 ℃、8000 r/min 条件下离心 10 min,收集上清液。

(2) 取 100 mL 上清液,根据硫酸铵饱和度表按 10% 的梯度少量多次加入硫酸铵,每个梯度取样 0.5 mL,于 12000 r/min 离心 10 min,用 DNS 比色法测定各样品的酶活力,以确定硫酸铵沉淀目的蛋白的最佳浓度梯度。

(3) 经硫酸铵沉淀后的目的蛋白用 50 mL 20 mmol/L PBS 缓冲液(pH7.2～7.4)悬浮,于 4 ℃储存备用。

11) Ni Sepharose 亲和层析纯化重组木聚糖酶

(1) 分别配制含 10 mmol/L、50 mmol/L、100 mmol/L、500 mmol/L 咪唑的 PBS 缓

冲液。

（2）将制备好的层析柱连接到蛋白质监测系统，以含 500 mmol/L 咪唑的20 mmol/L 的 PBS 缓冲液作为流动相按 1 mL/min 的流速清洗层析柱至检测器数值不再变化时，将流动相改为不含咪唑的 20 mmol/L 的 PBS 缓冲液（pH7.2～7.4），平衡至检测器示数不再变化。

（3）将通过 0.45 μm 孔径滤膜过滤的浓缩样品以 1 mL/min 的流速泵入层析柱，用 20 mmol/L PBS 缓冲液（pH7.2～7.4）冲洗至 $A_{280\,nm} \leqslant 0.1$ 且稳定后，依次采用咪唑浓度为 10 mmol/L、50 mmol/L、100 mmol/L 和 500 mmol/L 的 20 mmol/L 的 PBS 缓冲液（pH7.2～7.4）对重组木聚糖酶进行阶段洗脱。

（4）用 1.5 mL 离心管收集洗脱液，并测定洗脱峰组成成分的酶活力。选择有酶活力的洗脱液，于 4 ℃保存备用。

12）重组木聚糖酶的 SDS-聚丙烯酰胺凝胶电泳

（1）电泳样品的制备

取 0.5 mL 酶溶液，加入等量的10％（质量分数）三氯乙酸（TCA）沉淀蛋白质，混合后以12000 r/min离心 5 min，弃去上清液，再加入 1 mL 丙酮洗涤蛋白质沉淀，室温下放置 5～10 min，以 12000 r/min 离心 5 min，弃去上清液，置于超净工作台上干燥，再加入 30 μL 的样品缓冲液（1×），混匀，在沸水浴中煮沸 5 min，稍加离心即可上样。

（2）SDS-聚丙烯酰胺凝胶电泳

浓缩胶：30％聚丙烯酰胺溶液 0.45 mL，0.5 mol/L Tris-盐酸缓冲液（pH6.8）0.75 mL，ddH$_2$O 1.8 mL，SDS（10％）30 μL，APS（10％）18 μL，TEMED 4.8 μL。

分离胶：30％聚丙烯酰胺溶液 2.50 mL，1.5 mol/L Tris-盐酸缓冲液（pH8.8）1.3 mL，ddH$_2$O 1.0 mL，SDS（10％）0.1 mL，APS（10％）0.1 mL，TEMED 4 μL。

取浓缩后的样品 15 μL，在点样孔中加入适量的样品，调节电压到 80 V 开始电泳。当溴酚蓝的条带电泳至分离胶时，调节电压至 100 V 继续电泳。当溴酚蓝的条带电泳至分离胶的最下端时停止电泳，然后进行固定、染色、脱色操作。

13）纯化后酶溶液中蛋白质含量的检测

（1）牛血清白蛋白（BSA）标准蛋白质标准曲线的制作

试管中按 0.1 mL 的体积梯度加入 100 μg/mL BSA 标准蛋白质溶液，再加入 4 mL 考马斯亮蓝试剂，混匀，以 0.9％氯化钠溶液作为空白对照，于 595 nm 波长处测定吸光度。以吸光度为横坐标，标准蛋白质含量为纵坐标，作标准曲线，并求出回归方程。

（2）样品中蛋白质含量的测定

样品经 0.9％氯化钠溶液适当稀释后（含量应处在标准曲线所测范围内），取 1 mL 稀释后的样品溶液，加入 4 mL 考马斯亮蓝试剂，混匀，于 595 nm 波长处测定吸光度，然后利用标准曲线或回归方程求出样品中蛋白质的含量。

14）重组木聚糖酶的酶学性质研究（DNS 比色法）

（1）木糖标准曲线的制作

每支具塞试管中按 0.2 mL 的体积梯度加入 0.25 mg/mL 木糖标准溶液，再加入 3 mL DNS 溶液，充分混匀，沸水浴处理 5 min，迅速移入冰水中将其冷却至室温，以不加木糖标准溶液作为参比于 540 nm 波长处测定吸光度。以吸光度作为横坐标，木糖含量（mg）作为纵坐标，作标准曲线，并求出回归方程。

（2）酶活力的测定

样品中酶活力的测定：取 0.5％木聚糖溶液 1.8 mL 置于试管中，在相应反应温度的水浴锅中预热 3 min，加入 0.2 mL 待测酶液（参比加入等体积的缓冲液），混匀后准确反应 10 min，再加入 3 mL DNS 溶液，混匀，终止酶反应，置于沸水浴中煮沸 5 min，移入冰水中冷却至室温，混匀后测定吸光度。

（3）重组木聚糖酶的比活力测定

比活力单位的定义：每毫克酶蛋白所含的酶活力单位。

采用考马斯亮蓝法测定样品酶溶液中蛋白质的含量，同时在最适温度与 pH 值下测定重组木聚糖酶的酶活力，由此得到酶的比活力。

（4）重组木聚糖酶的最适反应 pH 值的测定

取 0.2 mL 用不同 pH 值缓冲液稀释的酶溶液分别与 1.8 mL 同酶溶液 pH 值相同的 0.5％木聚糖溶液在一定温度下反应 10 min，加入 3 mL DNS 溶液，煮沸 5 min。于 540 nm 波长处测定吸光度。以最高酶活力为 100％，计算其他条件下的相对残余酶活力。最适反应 pH 值的测定分别在 50～70 ℃下进行。pH4.0～7.5 采用柠檬酸-磷酸缓冲液（50 mmol/L），pH7.5～9.0 采用 Tris-盐酸缓冲液（50 mmol/L）。

（5）重组木聚糖酶的最适反应温度的测定

取 0.2 mL 用一定 pH 值缓冲液稀释的酶溶液与 1.8 mL 同酶溶液 pH 值相同的 0.5％木聚糖溶液分别在 40 ℃、50 ℃、55 ℃、60 ℃、65 ℃、70 ℃、75 ℃、80 ℃和 90 ℃下反应 10 min，然后加入 3 mL DNS 溶液，煮沸 5 min，于 540 nm 波长处测定吸光度。以最高酶活力为 100％，计算其他条件下的相对残余酶活力。最适温度的测定分别在 pH5.0、pH6.5 和 pH8.0 条件下进行。pH5.0 和 pH6.5 采用柠檬酸-磷酸缓冲液（50 mmol/L），pH8.0 采用 Tris-盐酸缓冲液（50 mmol/L）。

 实验结果

（1）自己设计表格记录实验数据。
（2）用图、表汇总实验结果。
（3）对实验结果作出结论，并进行分析和讨论。

 思考题

（1）总结实验中容易出错的步骤，并分析其原因。
（2）基因工程构建组氨酸标记木聚糖酶的意义是什么？

（熊海容）

实验四
啤酒的发酵生产

 实验目的

  熟悉啤酒酿造工艺流程,对发酵罐进行清洗和消毒,制备麦汁进行啤酒发酵;学习啤酒发酵的过程,掌握啤酒酵母发酵规律;了解啤酒发酵检测的各个指标的必要性并掌握相关检测方法。

 实验原理

  啤酒酿造包括麦芽粉碎、麦汁糖化、麦汁过滤、煮沸、冷却、酵母接种及啤酒发酵等几个过程。啤酒酿造的主要原料为麦芽、啤酒花和去离子水。酿造所用麦芽一般为大麦在一定温度和湿度下进行适度萌芽,大麦萌发时种子产生大量淀粉酶、糖化酶等将胚乳的淀粉转化为麦芽糖、葡萄糖等寡糖或单糖,同时也产生大量蛋白酶,降解产生大量游离氨基氮。为了保证酶活,萌发的大麦于阴凉处阴干成为啤酒酿造所用的麦芽。麦芽在制备麦汁时需保证表面麸皮破损,有利于麦汁的浸出及淀粉的进一步降解,因而麦芽要进行粉碎,粉碎以麸皮破开且整粒麸皮粘连为准。麦汁糖化一般由低温开始分步升温来进行,主要是为了防止麦芽中各种酶因高温引起破坏,增强糖化效果。糖化一般分为四个阶段,各阶段糖化温度的控制情况为:①35～40 ℃:此时称为浸渍温度,有利于酶的浸出和酸的形成,并有利于 β-葡聚糖的分解。②45～55 ℃:此时温度称为蛋白质分解(或蛋白质休止)温度,温度偏向下限,氨基酸生成量相对多一些,偏上限,可溶性氮生成量相对多一些;对溶解良好的麦芽来说,温度可以偏高一些,分解时间短一些;溶解好的麦芽可以放弃这一阶段;对溶解不良的麦芽,温度应控制偏低,并延长蛋白质分解时间。在上述温度下,内 β-1,3 葡聚糖酶仍具活力,β-葡聚糖的分解作用继续进行。③62～70 ℃:此时的温度称为糖化温度。在 62～65 ℃下,可发酵性糖比较多,非糖的比例相对较低,适合制造高发酵度啤酒;若控制 65～70 ℃,则麦芽的浸出率相对增多,可发酵性糖相对减少,非糖比例提高,适于制造低发酵度啤酒;控制 65 ℃糖化,可以得到最高的可发酵浸出物收得率;糖化温度偏高,有利于 α-淀粉酶的作用,糖化时间可以缩短。④75～78 ℃:此时的温度称为过滤温度

（或糖化最终温度），在此温度下，α-淀粉酶仍起作用，残留的淀粉进一步分解，其他酶则受到抑制或失活。α-淀粉酶辅因子为钙离子，糖化时可添加相对麦汁量为 60 mg/L 的氯化钙溶液以保证糖化效果。糖化完成的麦汁及麦醪通过过滤槽进行过滤，过滤完成的麦汁打入煮沸锅进行煮沸。煮沸时间为 1～1.5 h，在煮沸过程中加入酒花，以赋予啤酒特殊的风味，并且辅助蛋白沉淀。酒花的加入总量约为麦汁的 0.025%，分 3 次投料，分别为煮沸时加入 20%，煮沸半小时加入 40%，煮沸结束前 10 min 加入 40%。添加酒花时苦花和香花搭配使用以调节啤酒口味。煮沸的具体目的主要有：破坏酶的活性，使蛋白质沉淀，浓缩麦汁，浸出酒花成分，降低 pH 值，蒸出恶味成分，杀死杂菌，形成一些还原物质。煮沸结束的麦汁打入回旋沉淀槽，回旋沉淀半小时以上。沉淀结束，由回旋沉淀槽排渣口排出大部分沉淀。麦汁通过板式换热器打入发酵罐内，麦汁打入的过程中调节阀门的开度，以保证板式换热器换热后麦汁的终温。麦汁进罐结束后，将酵母种子液火焰环接入种子接种站，调节管路阀门，通过种子站上方连接压缩空气将种子液压入发酵罐。于发酵罐放料口处接入压缩氧气瓶，通氧气至 0.15 MPa，调节温度至 10 ℃ 左右，开始酵母增殖及主发酵后发酵。

麦汁满罐后还会有沉淀物生成，需要每隔 1 d 排放一次冷凝固物，共排 3 次。麦芽汁接种啤酒酵母以后，酵母量约为 $1×10^7$ 个/mL，前 24 h，啤酒酵母里由充入的溶解氧进行好氧发酵，大量增殖。之后啤酒进入厌氧发酵，利用麦芽汁中的葡萄糖产生乙醇，前一周发酵活动较为旺盛，称为主发酵，发酵温度为 10 ℃，当外观糖度降至 3.8%～4.2% 时可封罐升压。发酵罐压力控制在 0.10～0.15 MPa。主发酵结束后，关闭冷媒升温至 12 ℃进行双乙酰还原。双乙酰含量降至 0.10 mg/L 以下时，开始降温。双乙酰还原结束后降温，24 h 内使温度由 12 ℃ 降至 5 ℃，接着锥形罐继续降温，24 h 内使温度降至 -1 ℃～-1.5 ℃，并在此温度下贮酒。

啤酒主发酵是静止培养的典型代表，是将酵母接种至盛有麦芽汁的容器中，在一定温度下培养的过程。由于酵母菌是一种兼性厌氧微生物，先利用麦芽汁中的溶解氧进行好氧生长，然后利用糖酵解途径进行厌氧发酵生成酒精同时产生二氧化碳。这种有酒精及二氧化碳产生的静止培养比较容易进行，因为产生的酒精有抑制杂菌生长的能力，二氧化碳在高压下溶于水可显著降低发酵液 pH 值，也可抑制杂菌生长。由于培养基中糖的消耗，二氧化碳与酒精的产生，发酵液比重不断下降，可用糖度表测定糖度的下降趋势。若需分析其他指标，应从取样口取样测定。若进行 pH 值等检测，须注意排除溶解二氧化碳并分离菌体。若需要测定发酵终产物溶出物浓度，需要蒸馏排出气体及挥发组分并补水还原质量。

当发酵罐中的糖度下降至 4.0～4.5 BX 时，开始封罐，并将发酵温度降至 2 ℃ 左右，8～12 d 后，罐压升至 0.1 MPa，说明已有较多 CO_2 产生并溶入酒中，即可饮用。若要酿制更加可口的啤酒，后发酵温度应降低，时间应延长，此过程称为后发酵。

啤酒发酵的工艺流程图如图 4-4-1 所示。

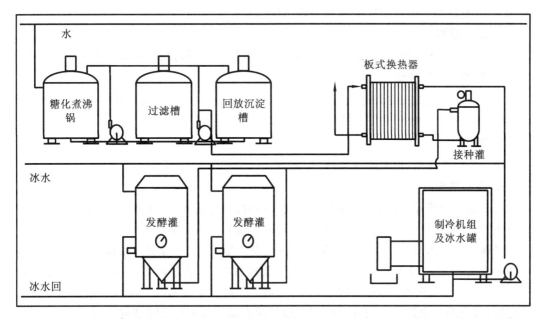

图 4-4-1　啤酒发酵的工艺流程图

 ## 实验仪器与试剂

粉碎机、糖化煮沸锅、过滤槽、回旋沉淀槽、200 L 啤酒发酵罐、制冷机组及冰水罐、板式换热器等。

 ## 实验方法

1. 熟悉各项设备

2. 清洗各项设备

称取氢氧化钠 4 kg,倒入注水 80% 的糖化煮沸锅中,开启电加热至 70 ℃,热碱液依次打入过滤槽、回旋沉淀槽、换热器、接种罐并最终进入发酵罐中,浸泡过夜,放罐。次日量取 3 L 30% 过氧化氢溶液,倒入注水 80% 的糖化煮沸锅中,搅拌均匀。约 0.5% 过氧化氢溶液依次打入过滤槽、回旋沉淀槽、换热器、接种罐并最终进入发酵罐中,浸泡半小时,用大量水冲洗上述设备。糖化煮沸锅中烧水至 90 ℃,热水依次清洗过滤槽、回旋沉淀槽、换热器、接种罐及发酵罐。

3. 麦芽汁的制备

称取 40 kg 麦芽,掺入少量水,拌匀,用粉碎机粉碎至麸皮破损并整颗粘连的程度。糖化煮沸锅中加入 80%～90% 的水,开始加热至四段加热的第一档温度(可略高)。粉碎的麦芽倒入糖化煮沸锅,按照加热程序进行分步加热保温。加热保温完成利用糖化泵将麦汁麦醪混合物打至过滤槽,滤液暂贮存于回旋沉淀槽,过滤完成的滤液打回糖化煮沸槽,加热至沸腾并保温,分三次依次添加酒花。煮沸保温完成的麦汁打入回旋沉淀槽,回旋沉淀半小时,回旋沉淀槽底部放液排出沉淀物。

4. 酵母接种

利用火焰环法往种子罐接入扩培好的酵母,保证发酵液初始酵母含量为 10^7 个/mL。

5. 麦芽汁冷却进罐

回旋沉淀完成的麦芽汁通过板式换热器换热,通过种子罐泵入发酵罐。调节阀门开度,以换热后麦汁触摸管道不烫手为宜。

6. 充氧

使用压缩氧气瓶,由发酵罐放料口充入纯氧,至罐压为 0.15 MPa。

7. 设备清洗

由于麦芽汁营养丰富,各项设备及管阀件(包括糖化煮沸锅、过滤槽、回旋沉淀槽及板式换热器)使用完毕后,应及时用热碱液和过氧化氢水溶液清洗。

将糖化后冷却到 10 ℃左右的麦芽汁送入发酵罐,接入酵母至终浓度为 10^7 个/mL,然后充氧至 0.1~0.2 MPa,约 20 h 后,溶解氧被消耗,逐渐进入主发酵。该过程维持温度 10 ℃,7 天至 4.0 °P 时结束(嫩啤酒)。一般主发酵整个过程分为酵母繁殖期、起泡期、高泡期、落泡期和泡盖形成期五个时期。通过观察窗仔细观察各时期的区别。

 实验结果

主发酵测定项目:接种后取样作第一次测定,以后每过 12 h 或 24 h 测 1 次直至结束。全部数据叠画在 1 张方格纸上,纵坐标为 7 个指标,横坐标为时间。共测定下列几个项目:

(1) 糖度(锤度计测定)。

(2) 细胞浓度、出芽率、染色率。

(3) 酸度。

(4) α-氨基氮。

(5) 还原糖。

(6) 酒精度。

(7) pH 值。

(8) 浸出物浓度。

(9) 双乙酰含量。

还原糖、α-氨基氮测定见本书其他相关章节。

作业要求:画出发酵周期中上述 11 个指标的曲线图,并对变化趋势加以解释。

 注意事项

(1) 若加热、煮沸过程中将蒸汽直接通入麦汁中,则由于蒸汽的冷凝,麦汁量会增加,因此最好用夹套加热的方法。

(2) 麦汁煮沸后的各步操作应尽可能无菌,特别是各管道及薄板冷却器应先进行灭菌处理。

（1）麦芽粉碎程度会对过滤产生怎样的影响？

（2）啤酒发酵为何要使用麦芽，麦芽如何制备？

（梁晓声）

实验五
木聚糖酶全细胞催化剂的制备及检测

 实验目的

了解酵母表面展示技术;学习免疫荧光显微镜或激光共聚焦显微镜及流式细胞仪的使用;掌握真核模式生物酵母的转化方法及其高密度发酵技术。

 实验原理

微生物表面展示技术是伴随着基因工程的发展而兴起的一项重要的生物技术,酵母表面展示体系是继噬菌体展示体系和细菌表面展示体系之后发展迅速的一种外源蛋白表达体系。

酵母是具有细胞壁的单细胞真核生物,酵母表面展示技术的基本原理是以细胞表面的蛋白(通常是细胞壁外层的甘露糖蛋白)作为锚定蛋白,通过基因工程手段,将编码外源蛋白或多肽的基因序列与编码特定的锚定蛋白的基因序列融合后导入酵母中,从而使外源蛋白或多肽与锚定蛋白以融合蛋白的形式展示在酵母细胞的表面,被展示的外源蛋白或多肽可保持相对独立的空间结构和生物活性,并使表达、纯化、固定于一体,从而省去了提取纯化的烦琐工序(图 4-5-1,图 4-5-2)。

酵母表面展示体系有其独特的优势,主要表现在以下几个方面:①通常作为锚定蛋白的细胞壁蛋白可通过共价键连接到细胞壁内层葡聚糖骨架上,从而使外源蛋白牢固地展示在酵母细胞的表面;②酵母作为真核生物,拥有比较完善的蛋白质折叠和分泌机制,因此可用来表达需要进行翻译后修饰的来自真核生物的蛋白质;③酵母是单细胞生物,颗粒相对比较大,可通过流式细胞术对展示有目标外源蛋白的细胞进行方便的筛选和分离。目前,酵母表面展示体系已经广泛应用在生物学研究及工业生产的许多领域。

 实验仪器与试剂

1. 仪器

电转仪、超净工作台、恒温培养箱、恒温摇床、离心机、水浴锅、免疫荧光显微镜或激光

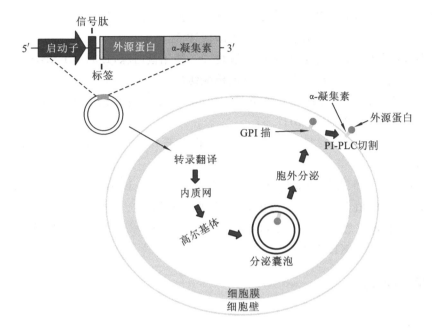

图 4-5-1 酵母展示外源蛋白的原理(以 α-凝集素为例)

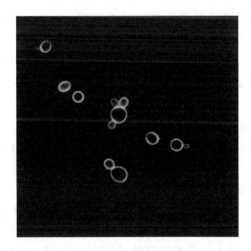

图 4-5-2 酵母展示 EGFP 的激光共聚焦显微镜观察图片

共聚焦显微镜、流式细胞仪等。

2. 试剂

1) 实验菌种和质粒

(1) 宿主菌:毕赤酵母 GS115。

(2) 重组质粒:pKXYNH-GCW51(带 FLAG 标签)。

2) 主要培养基与溶液

(1) YPD 液体培养基:1%酵母提取物,2%蛋白胨,2%葡萄糖。

(2) MD 固体培养基:1.34%YNB,2%葡萄糖,$(4×10^{-5})$%生物素,2%琼脂粉。

（3）BMGY 液体培养基：1%酵母提取物，2%胰化蛋白胨，1.34%YNB，(4×10^{-5})%生物素，1%甘油，100 mmol/L pH6.0 的磷酸缓冲液。

（4）BMMY 液体培养基：1%酵母提取物，2%胰化蛋白胨，1.34%YNB，(4×10^{-5})%生物素，0.5%甲醇，100 mmol/L pH6.0 的磷酸缓冲液。

（5）LDST 溶液：100 mmol/L 醋酸锂，10 mmol/L 二硫苏糖醇，0.6 mol/L 山梨醇，10 mmol/L Tris-HCl 缓冲液（pH7.5）。

（6）500×生物素（0.02%）：溶解 20 mg 生物素于 100 mL 双蒸水中，过滤除菌，放置于 4 ℃保存备用。

（7）1 mol/L 磷酸钾缓冲液（pH 6.0）：132 mL 1 mol/L K_2HPO_4，868 mL 1 mol/L KH_2PO_4，调整 pH 值至 6.0，高压灭菌，室温下保存备用。

（8）流式用 PBS 缓冲液（pH7.4）：137 mmol/L NaCl，2.7 mmol/L KCl，10 mmol/L Na_2HPO_4，2 mmol/L KH_2PO_4。

 实验方法

1. 酵母的转化

本实验采用电转化法。

（1）挑取 YPD 平板上毕赤酵母 GS115 的单菌落接种于含 5 mL YPD 液体培养基的 50 mL 三角瓶中，在摇床中 30 ℃，250 r/min 过夜培养。

（2）取适量过夜培养的毕赤酵母 GS115 转接至含 100 mL 新鲜 YPD 液体培养基的 250 mL 三角瓶中，控制起始 $A_{600\,nm}$ 为 0.5，在 30 ℃，250 r/min 条件下培养约 4 h 至 $A_{600\,nm}$ 值达到 1.3～1.5。

（3）将菌悬液分装至两个 50 mL 离心管中，室温下以 6000 r/min 离心 5 min。

（4）弃上清液，分别加入 40 mL 新配制的 LDST 溶液，混匀后 30 ℃下孵育 30 min。

（5）室温下以 6000 r/min 离心 5 min，弃上清液，用 1 mL 冰冷的 1 mol/L 山梨醇重悬菌体，转至 1.5 mL 离心管中。

（6）用 1 mL 冰冷的 1 mol/L 山梨醇洗涤菌体 3 次，最后用 400 μL 冰冷的 1 mol/L 山梨醇重悬菌体，分装 80 μL/管，立即使用或冻存于 -80 ℃备用。

（7）往感受态细胞中加入适量重组质粒，轻轻混匀后转至提前冰浴的 0.2 cm 电击杯中，冰上孵育 5 min。

（8）使用电转仪进行电击，电压 1.5 kV，电阻 200 Ω，电容 25 mF，电击时间约 5 ms。

（9）电击结束后进行涂板，取 200 μL 菌悬液涂布于 MD 平板上，剩余的转化产物短暂离心后吸去部分上清液，留下约 200 μL 菌悬液涂布于另一个 MD 平板。30 ℃培养 2～3 d，观察结果。

2. 转化子的菌落 PCR 鉴定

（1）每个 MD 平板上挑取 3～5 个转化子，分别置于 PCR 小管中，各加入 20 μL 蒸馏水，振荡充分混匀。

（2）将样品放入微波炉中，同时放入一个盛有 50 mL 自来水的 200 mL 烧杯，将温度挡位调到中低火处理 5 min。

（3）6000 r/min 离心 1 min 后，取 2 μL 上清液作为模板进行 PCR 检测，PCR 反应体系为 10 μL。

（4）取 5 μL PCR 产物在 1% 的琼脂糖凝胶中进行电泳检测。

3. 重组毕赤酵母表面展示菌株的摇瓶发酵

（1）在 MD 平板上划线分离菌落 PCR 鉴定正确的重组毕赤酵母菌株，30 ℃ 培养 2～3 d 后分别挑取 3 个单菌落接种至装有 5 mL YPD 液体培养基的 50 mL 离心管中，在 30 ℃，250 r/min 过夜培养制备种子液。

（2）在超净工作台中取适量种子液接种至装液量为 25 mL BMGY 培养基的 250 mL 三角瓶中，在 30 ℃，250 r/min 培养至 $A_{600\text{ nm}}$ 达到 2～6。

（3）测定各重组菌的 $A_{600\text{ nm}}$ 值，监测其生长情况，取适量菌悬液转移到 50 mL 无菌离心管中，室温下以 6000 r/min 离心 5 min，弃上清液，细胞沉淀后转移至装液量为 25 mL BMMY 培养基的 250 mL 三角瓶中，控制各重组菌起始 $A_{600\text{ nm}}$ 值为 1，30 ℃，250 r/min 培养 144 h，每隔 24 h 添加适量的甲醇至终浓度为 1%。

4. 全细胞催化剂的制备

（1）发酵结束后以 6000 r/min 离心 5 min 收集菌体。

（2）用 10 mL PBS 缓冲液重悬，置于真空冷冻干燥仪中冻成干粉，保存于 4 ℃ 冰箱中。

5. 全细胞催化剂酶活力的测定

采用 DNS 比色法测定全细胞催化剂的酶活力。

6. 全细胞催化剂的检测

（1）重组毕赤酵母表面展示体系的流式细胞术分析

①在超净工作台上取 1 mL 诱导表达至 120 h 的菌悬液，以 10000 r/min 离心 1 min 收集菌体。弃去上清液，加入 1 mL 1×PBS(pH 7.4) 悬浮洗涤细胞，以 10000 r/min 离心 1 min，重复 3 次。

②洗涤后，以 1 mL 含 1%BSA 的 PBS 悬浮菌体，调整样品 $A_{600\text{ nm}}$ 约为 5。

③取 200 μL 的菌悬液，加入 1 μL 2μg/ μL 单克隆抗体(monoclonal antibody)，混合均匀后室温下孵育 2 h，不断轻摇使细胞悬浮。

④以 6000 r/min 离心 3 min，用 1 mL 1×PBS 洗涤悬浮细胞，重复 3 次。

⑤用 1 mL 含 1%BSA 的 1×PBS 冲洗细胞一次，以 6000 r/min 离心 3 min。

⑥用 200 μL 含 1% BSA 的 1×PBS 悬浮细胞，每管中加入 1 μL 2 μg/μL 的 Alexa Flour 488 标记羊抗鼠 IgG 抗体于避光处室温下孵育 1 h，每隔 10 min 轻轻混匀使细胞悬浮。

⑦用 1 mL 1×PBS 洗涤悬浮细胞，以 6000 r/min 离心 3 min，重复 3 次。

⑧用 1.5 mL 1×PBS 悬浮菌体细胞，并用 600 目筛网过滤以分散细胞团。

⑨在流式细胞仪上进行样品检测。具体操作参照流式细胞仪操作手册，收集测定的细胞数量为 10000 个，荧光激发光波长为 488 nm，记录 FL1 通道信号。

（2）重组毕赤酵母表面展示体系的免疫荧光显微镜或激光共聚焦显微镜的分析

①样品处埋方法和流式细胞术分析的处理方法相同。

②取 2 μL 样品于载玻片上，盖上盖玻片后在免疫荧光显微镜或激光共聚焦显微镜下观察，拍摄明视场、荧光视场及叠加视场的图片。

 实验结果

（1）设计表格，记录实验数据。

（2）用图和表汇总实验结果。

（3）对实验结果进行分析和讨论。

 思考题

（1）真核模式生物酵母的转化方法有哪些？各有什么特点？

（2）酵母重组菌高密度发酵的调控参数有哪些？

（张　莉）

生物工程综合实验
测定方法

一、红法夫酵母生物量、总类胡萝卜素含量、虾青素和残糖含量的测定方法

1. 生物量测定

（1）原理

细胞的生长表现为细胞数量的增加和体积的增大，在一定条件下，单细胞生物细胞质量的多少和细胞的数量存在一定的对应关系，据此测定生长过程中菌体生物量的变化可以近似表示细胞数量的变化。

（2）实验步骤

先称取干燥的空离心管的质量，记为 W_1，取 5 mL 发酵液于离心管，5000 r/min 离心5 min，上清液保存于冰箱中待进行糖浓度测定，菌体和离心管一起于 105 ℃烘干至恒重后称取离心管和菌体的质量，记为 W_2，根据下式计算不同时间的菌体生物量（单位为g/L）。

$$生物量(g/L) = 200 \times (W_2 - W_1)$$

2. 总类胡萝卜素含量的测定

取 5 mL 发酵液以 6000 r/min 离心 8 min，用蒸馏水洗涤、离心三次，加入二甲基亚砜（DMSO）3 mL，用玻璃棒将菌体搅拌至菌体溶解于二甲基亚砜中，6000 r/min 离心8 min，收集上清液于试管中，离心管中再次加入二甲基亚砜 3 mL，用玻璃棒将菌体搅拌至菌体溶解于二甲基亚砜中，6000 r/min 离心 8 min，合并提取液，如此多次直至菌体无色。使用分光光度计于 480 nm 波长处比色，测定总类胡萝卜素的含量。

总类胡萝卜素含量的计算公式：

$$总类胡萝卜素含量(mg/L) = 1.25 \times V_f \times A_{480 \, nm}$$

式中：V_f 表示提取液的体积；

$A_{480 \, nm}$ 表示类胡萝卜素在 480 nm 波长处的吸光度。

3. 虾青素含量的测定

测定仪器采用 Agilent 1100 高效液相色谱仪及 Agilent Eclipse XDB-C18 液相色谱

柱(250 mm×4.6 mm,5 μm);流动相为丙酮-水(体积比为83∶35);紫外线(UV)检测器,检测波长为476 nm;柱温为室温;流速为0.8 mL/min。虾青素标准品(Sigma,USA)作为外标。

4. 残糖含量测定(DNS 比色法)

1) 原理

本实验是利用3,5-二硝基水杨酸(DNS)溶液与还原糖溶液共热后被还原成棕红色的氨基化合物,在一定范围内还原糖的量和棕红色物质颜色深浅的程度成一定比例关系,可用于比色测定。葡萄糖与3,5-二硝基水杨酸试剂反应生成的有色物质在540 nm波长处有最大吸收峰,故在此波长下进行比色。

2) 实验步骤

(1) 标准曲线制作

取6支大试管,从0~5分别编号,按表4-6-1加入各种试剂。

表 4-6-1　试剂加入情况

试剂	管 号					
	0	1	2	3	4	5
1 mg/mL 葡萄糖溶液/mL	0	0.2	0.4	0.6	0.8	1.0
蒸馏水/mL	1.0	0.8	0.6	0.4	0.2	0
DNS 试剂/mL	3	3	3	3	3	3

将各管溶液振荡混匀后,在沸水浴中准确煮沸5 min,取出迅速用冷水冷却至室温,加入蒸馏水15 mL,摇匀。在540 nm波长下,用空白调零测定吸光度。以吸光度为纵坐标,葡萄糖含量为横坐标绘制标准曲线。

(2) 样品测定

取发酵液5 mL,5000 r/min离心5 min,取上清液1 mL于试管中,加入3 mL DNS试剂,同以上操作,测吸光度,用Origin、Excel软件绘制标准曲线,并求出各个时期样品的葡萄糖含量。

二、土霉素效价测定(分光光度法)

1. 土霉素标准曲线的绘制

用土霉素标准样品配成1000 IU/mL的标准液,用2 mL移液管分别取标准液0.4 mL、0.8 mL、1.0 mL、1.2 mL、1.4 mL、1.6 mL、1.8 mL于试管中,加0.01 mol/L的盐酸使全量至10 mL,再加0.05%的三氯化铁溶液10 mL,摇匀,静置20 min。另取样同上,加0.01 mol/L的盐酸使全量为20 mL,摇匀,作为空白对照。在480 nm的波长下测定上述样品的吸光度,以土霉素效价为纵坐标,以吸光度为横坐标,绘制标准曲线。

2. 土霉素效价的测定

吸取滤液稀释适宜的倍数(使稀释后效价在标准曲线范围内),用移液管取1 mL稀释液于试管中,准确加入0.01 mol/L的盐酸,使全量为10 mL,再加入0.05%的三氯化铁溶液 10 mL,使全量为 20 mL。另取 1 mL 稀释液,加入 0.01 mol/L 的盐酸 19 mL,使全量为 20 mL,摇匀,放置 20 min,作为空白对照。在 480 nm 的波长下测两种液体的吸光度,根据标准曲线,测定土霉素效价。

三、啤酒发酵相关参数的测定方法

(一)啤酒酵母镜检

1. 显微形态检查

一定量发酵液中加入一滴结晶紫乙醇溶液,载玻片上放一小滴发酵液,盖上盖玻片,在 40 倍镜下观察。优良健壮的酵母菌,应形态整齐均匀;表面平滑,着色均匀。年幼健壮的酵母细胞内部充满细胞质;老熟的细胞会出现液泡,折光性较强;衰老的细胞中液泡多,颗粒性贮藏物多,折光性强;生长较为旺盛的酵母一般呈葡萄状成串存在。

2. 出芽率检查

出芽率是指出芽的酵母细胞占总酵母细胞数的比例。在结晶紫染色的酵母血球板中随机选择数个视野,观察出芽酵母细胞所占的比例,取平均值。

3. 死亡率检查

使用血球计数板法。酵母细胞用 0.025% 亚甲蓝水溶液染色后,由于活细胞具有脱氢酶活力,可将蓝色的亚甲蓝还原成无色的美白,因此染不上颜色,而死细胞则被染上蓝色。一定量发酵液中加入一滴亚甲蓝溶液,载玻片上放一小滴发酵液,盖上盖玻片,在 40 倍镜下观察。计数 500 个酵母,并计算染色的死细胞在其中的比率。

一般新培养酵母的死亡率应在 1% 以下,生产上使用的酵母死亡率在 3% 以下。

(二)酸度测定

发酵液在两个干净的大烧杯中来回倾倒 50 次以上,以除去 CO_2,再经过滤后,滤液用于分析。取 5 mL 除气发酵液,置于 250 mL 三角瓶中,加 50 mL 蒸馏水,再加 1 滴酚酞指示剂,用 0.1 mol/L 氢氧化钠标准溶液滴定至微红色(不可过量)经摇动后不消失为止,记下消耗的氢氧化钠溶液的体积(mL),计算:

$$总酸(1\ mol/L\ NaOH\ 体积(mL)/100\ mL\ 样品)= 20×M×V$$

式中:M 为 NaOH 的实际摩尔浓度(mol/L);

V 为消耗的氢氧化钠溶液的体积(mL)。

(三)比重的测定

煮沸过滤的麦汁冷却至 20 ℃,倒入大试管中,比重计放入试管中,读取刻度。查阅比重-浸出物浓度对照表(表 4-6-2),求得原麦汁浓度。蒸发完乙醇和双乙酰的啤酒发酵液补水至原体积,冷却至 20 ℃,倒入大试管中,比重计放入试管中,读取刻度。查阅比重-浸出物对照表(表 4-6-2),求得实际浓度。

表 4-6-2　比重-浸出物浓度对照表(部分)

比重	浸出物浓度	比重	浸出物浓度	比重	浸出物浓度	比重	浸出物浓度
1.0120	3.067	1.0130	3.331	1.0140	3.573	1.0150	3.826
1.0160	4.077	1.0170	4.329	1.0180	4.580	1.0190	4.830
1.0200	5.08	1.0210	5.330	1.0220	5.580	1.0230	5.828
1.0240	6.077	1.0250	6.325	1.0260	6.572	1.0270	6.819
1.0280	7.066	1.0290	7.312	1.0300	7.558	1.0310	7.803
1.0320	8.048	1.0330	8.293	1.0340	8.537	1.0350	8.781
1.0360	9.024	1.0370	9.267	1.0380	9.509	1.0390	9.751
1.0400	9.993	1.0410	10.234	1.0420	10.475	1.0430	10.716
1.0440	10.995	1.0450	11.195	1.0460	11.435	1.0770	11.673

注:完整版本的比重-浸出物浓度对照表参看 QB/T 1686—2008 啤酒麦芽。

(四) 酒精度的测定及原麦汁浓度的计算

1. 酒精度的测定

在已精确称重至 0.01 g 的 500 mL 三角烧瓶中,称取 250.0 g 脱气除菌体的啤酒,再加 50 mL 水,安上冷凝器,冷凝器下端用一已知重量的 100 mL 容量瓶或量筒接收馏出液。若室温较高,为了防止酒精蒸发,可将容量瓶浸于冷水或冰水中。开始蒸馏时用文火加热,沸腾后可加强火力,蒸馏至馏出液接近 100 mL 时停止加热。冷却,倒入容量瓶,于普通天平上加蒸馏水至馏出液重 250.0 g,混匀,用比重计测密度查出实际浓度。蒸出的酒精用酒精计测酒精含量并换算成发酵液中的酒精含量。我国轻工部部颁标准规定: 11 度啤酒的酒精含量应不低于 3.2%,12 度啤酒的酒精含量应不低于 3.5%。

2. 原麦芽汁浓度的校核

原麦芽汁浓度是指发酵之前的麦芽汁浓度。生产中为检查发酵是否正常,常根据啤酒发酵后的实际浓度和酒精度按照巴林公式来推算原麦汁浓度。推算的原麦汁浓度与测定的原麦汁浓度的吻合程度可以判断发酵是否为典型的啤酒酵母发酵,并结合镜检来判断是否染菌。

根据巴林的研究,在完全发酵时,每 2.0665 g 浸出物可生成 1 g 酒精、0.9565 g CO_2 和 0.11 g 酵母。若测得啤酒的酒精含量(质量分数)为 A,实际浓度为 n,则 100 g 啤酒发酵前含有浸出物的质量(g)应为:

$$A \times 2.0665 + n$$

生成 A g 酒精,即从原麦汁中减少 $A \times 1.0665$ g 浸出物(CO_2 和酵母沉淀物)。

要生成 100 g 啤酒,需原麦汁为:

$$(100 + A \times 1.0665) \text{ g}$$

原麦汁浓度 P 为:

$$P = (A \times 2.0665 + n)/(100 + A \times 1.0665)$$

我国轻工部部颁标准规定:11 度啤酒原麦汁浓度为 10.8％～11.2％,12 度啤酒为 11.8％～12.2％。

若计算所得的原麦汁浓度与发酵之前的麦汁浓度相符,说明发酵正常;若计算所得的原麦汁浓度与发酵之前的麦汁浓度不符,说明发酵不正常,可能有野生酵母或细菌污染。

(五) 双乙酰含量的测定

双乙酰(丁二酮)是赋予啤酒风味的重要物质,但含量过大,能使啤酒有一种馊饭味。我国轻工部部颁标准规定成品啤酒中双乙酰含量应低于 0.2 mg/L。双乙酰的测定方法有色谱法、极谱法和比色法等。邻苯二胺比色法是连二酮类都能发生显色反应的方法,此法测得值为双乙酰与戊二酮的总量,结果偏高,但此法快速简便,是轻工部部颁标准规定的方法。

用低火加热将双乙酰从样品中蒸馏出来(85～95 ℃馏分),加邻苯二胺,形成 2,3-二甲基喹喔啉,其盐酸盐在 335 nm 波长下有一最大吸收峰,可进行定量测定。

按图 4-6-1 把双乙酰蒸馏器安装好,夹套及三角瓶加冰水冷却。于 250 mL 圆底烧瓶中加入 2～4 滴消泡剂,再注入 5 ℃左右未除气啤酒 100～200 mL,小火加热至沸,收集牛角管流出液体,并注意完全收集 85～95 ℃馏分。到馏出液接近 25 mL 时取下三角瓶,用水定容至 25 mL,摇匀(蒸馏应在 3 min 内完成)。分别吸取馏出液 10 mL 于两支比色管中。一管作为样品管加入 0.5 mL 1％邻苯二胺溶液,另一管不加作空白对照,充分摇匀后,同时置于暗处放置 20～30 min,然后于样品管中加 2 mL 4 mol/L 盐酸溶液,于空白管中加 2.5 mL 4 mol/L 盐酸溶液,混匀。在 335 nm 波长处,用 1 cm 比色皿以空白作对

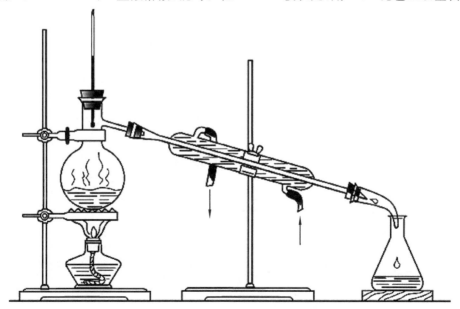

图 4-6-1　双乙酰及乙醇蒸馏装置示意图

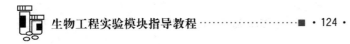

照测定样品吸光度。

计算：

$$双乙酰含量(mg/L)=A_{335\,nm}×2.4$$

注意事项：蒸馏要注意控制火候或添加沸石，防止暴沸；显色反应应在暗处进行，否则会导致结果偏高。

附　　录

附录 A
实验中的常用数据及其换算关系

一、常用单位及换算方法

1. 长度单位

1 米(m)＝10 分米(dm)＝100 厘米(cm)＝10^3 毫米(mm)＝10^6 微米(μm)＝10^9 纳米(nm)＝10^{10} 埃(Å)

2. 体积单位

1 升(L)＝10 分升(dL)＝100 厘升(cL)＝10^3 毫升(mL)＝10^6 微升(μL)

3. 质量单位

1 千克(kg)＝10^3 克(g)＝10^4 分克(dg)＝10^5 厘克(cg)＝10^6 毫克(mg)＝10^9 微克(μg)

1 磅＝453.592 37 克(g)

4. 摩尔浓度单位

1 mol/L＝10^3 mmol/L＝10^6 μmol/L＝10^9 nmol/L＝10^{12} pmol/L

二、常用核酸、蛋白质数据的换算关系

1. 质量换算

1 μg＝10^{-6} g

1 ng＝10^{-9} g

1 pg＝10^{-12} g

1 fg＝10^{-15} g

2. 分光度换算

1 个 $A_{260\ nm}$ 双链 DNA＝50 μg/mL

1 个 $A_{260\ nm}$ 单链 DNA＝33 μg/mL

1 个 $A_{260\ nm}$ 单链 RNA＝40 μg/mL

3. DNA 摩尔换算

1 μg 1000 bp DNA＝1.52 pmol＝3.04 pmol 末端

1 μg pBR322 DNA＝0.36 pmol

1 pmol 1000 bp DNA＝0.66 μg

1 pmol pBR322＝2.8 μg

4. 蛋白质摩尔换算

100 pmol 相对分子质量为 100000 的蛋白质＝10 μg

100 pmol 相对分子质量为 50000 的蛋白质＝5 μg

100 pmol 相对分子质量为 10000 的蛋白质＝1 μg

氨基酸残基的平均相对分子质量＝126.7

5. 蛋白质/DNA 换算

1 kb DNA＝333 个氨基酸编码容量＝相对分子质量为 4.2×10^4 的蛋白质

相对分子质量为 10000 的蛋白质＝270 bp DNA

相对分子质量为 30000 的蛋白质＝810 bp DNA

相对分子质量为 50000 的蛋白质＝1.35 kb DNA

相对分子质量为 100000 的蛋白质＝2.7 kb DNA

附录 B
微生物培养基和抗生素

一、液体培养基

1. LB 培养基(Luria-Bertani 培养基)

配制每升培养基,应在 900 mL 去离子水中加入:

细菌培养用胰化蛋白胨	10 g
细菌培养用酵母提取物	5 g
氯化钠	10 g

摇动容器直至溶质完全溶解,用 5 mol/L 氢氧化钠溶液(约 0.2 mL)调节 pH 值至 7.0,加入去离子水至总体积为 1 L,在 2.034×10^5 Pa 高压下蒸汽灭菌 20 min。

2. 营养肉汤培养基

配制每升营养肉汤培养基,应在 900 mL 去离子水中加入:

细菌培养用胰化蛋白胨	12 g
细菌培养用酵母提取物	24 g
甘油	4 mL

摇动容器使溶质完全溶解,在 2.034×10^5 Pa 高压下蒸汽灭菌 20 min,然后使该溶液降温至 60 ℃ 或 60 ℃ 以下,再加入 100 mL 经灭菌的磷酸盐缓冲液(该磷酸盐缓冲液的配制方法如下:在 90 mL 的去离子水中溶解 12.54 g 磷酸氢二钾,然后加入去离子水至总体积为 100 mL,在 2.034×10^5 Pa 高压下蒸汽灭菌 20 min)。

3. SOS 培养基

配制每升培养基,应在 950 mL 去离子水中加入:

细菌培养用胰化蛋白胨	20 g
细菌培养用酵母提取物	5 g
氯化钠	0.5 g

摇动容器使溶质完全溶解,然后加入 10 mL 250 mmol/L 氯化钾溶液(在 100 mL 去离子水中溶解 1.86 g 氯化钾,配制成 250 mmol/L 氯化钾溶液),用 5 mol/L 氢氧化钠溶液(约 0.2 mL)调节溶液的 pH 值至 7.0,然后加入去离子水至总体积为 1 L,在 2.034×10^5 Pa 高压下蒸汽灭菌 20 min。该溶液在使用前加入 5 mL 经灭菌的 2 mol/L 氯化镁溶液。

氯化镁溶液(2 mol/L)的配制方法如下:在 90 mL 去离子水中溶解 19 g 氯化镁,然后加入去离子水至总体积为 100 mL,在 $2.034×10^5$ Pa 高压下蒸汽灭菌 20 min。

4. 2×YT 培养基

配制每升培养基,应在 900 mL 去离子水中加入:

细菌培养用胰化蛋白胨	16 g
细菌培养用酵母提取物	10 g
氯化钠	5 g

摇动容器直至溶质完全溶解,用 5 mol/L 氢氧化钠溶液调节 pH 值至 7.0,加入去离子水至总体积为 1 L,在 $2.034×10^5$ Pa 高压下蒸汽灭菌 20 min。

5. M9 培养基

配制每升培养基,应在 750 mL 无菌的去离子水(冷却至 50 ℃以下)中加入:

5×M9 盐溶液	200 mL
灭菌的去离子水	至 1 L
适当碳源的 20% 溶液(如 20% 葡萄糖溶液)	20 mL

如有必要,可在 M9 培养基中补加含有适当种类氨基酸的储存液。

5×M9 盐溶液的配制:在去离子水中溶解下列盐类,终体积为 1 L。

磷酸氢二钠·$7H_2O$	64 g
磷酸二氢钾	15 g
氯化钠	2.5 g
氯化铵	5.0 g

把上述盐溶液分成 200 mL 一份,在 $2.034×10^5$ Pa 高压下蒸汽灭菌 15 min。

6. YPD 培养基

YPD 培养基,又称酵母浸出粉蛋白胨葡萄糖培养基,主要用于酵母菌的培养。

配制每升培养基,应在 950 mL 去离子水中加入:

细菌培养用胰化蛋白胨	20 g
细菌培养用酵母提取物	10 g
葡萄糖	20 g

摇动容器直至溶质完全溶解,用 5 mol/L 氢氧化钠溶液调节 pH 值至 7.0,加入去离子水至总体积为 1 L,在 $1.45×10^5$ Pa 高压下蒸汽灭菌 15 min。

7. BMGY 培养基

BMGY 培养基是诱导酵母菌表达用的前期培养基。

配制每升培养基,应在 900 mL 去离子水中加入:

酵母提取物	10 g
蛋白胨	20 g
磷酸氢二钾	3 g
磷酸二氢钾	11.8 g
无氨基酵母菌氮源	13.4 g

甘油　　　　　　　　　　　　　　　　　　　　　10 g

摇动容器直至溶质完全溶解,调节 pH 值至 6.0,加入去离子水至总体积为 1 L,在 $2.034×10^5$ Pa 高压下蒸汽灭菌 20 min。溶解 20 mg 生物素于 100 mL 水中,过滤除菌,置于 4 ℃条件下保存。使用培养基时加入 1/500 体积的生物素溶液。

8. BMMY 培养基

BMMY 培养基是诱导酵母菌表达用的诱导培养基。

配制每升培养基,应在 900 mL 去离子水中加入:

酵母菌提取物	10 g
蛋白胨	20 g
磷酸氢二钾	3 g
磷酸二氢钾	11.8 g
无氨基酵母菌氮源	13.4 g

摇动容器直至溶质完全溶解,调节 pH 值至 6.0,加入去离子水至总体积为 1 L,在 $2.034×10^5$ Pa 高压下蒸汽灭菌 20 min。溶解 20 mg 生物素于 100 mL 水中,过滤除菌,置于 4 ℃条件下保存。使用培养基时加入 1/500 体积的生物素溶液,每升培养基加入 5 mL 甲醇,培养 24 h 后每升培养基再补加 5 mL 甲醇。

9. MD 培养基

MD 培养基是诱导酵母菌表达用的前期培养基。

配制每升培养基,应在 900 mL 去离子水中加入:

葡萄糖	20 g
无氨基酵母菌氮源	13.4 g

摇动容器直至溶质完全溶解,调节 pH 值至 6.0,加入去离子水至总体积为 1 L,在 $1.45×10^5$ Pa 高压下蒸汽灭菌 15 min。溶解 20 mg 生物素于 100 mL 水中,过滤除菌,置于 4 ℃条件下保存。使用培养基时加入 1/500 体积的生物素溶液。

10. MM 培养基

MM 培养基是诱导酵母菌表达用的前期培养基。

配制每升培养基,应在 900 mL 去离子水中加入:

无氨基酵母菌氮源	13.4 g

摇动容器直至溶质完全溶解,调节 pH 值至 6.0,加入去离子水至总体积为 1 L,在 $1.45×10^5$ Pa 高压下蒸汽灭菌 15 min。溶解 20 mg 生物素于 100 mL 水中,过滤除菌,置于 4 ℃条件下保存。使用培养基时加入 1/500 体积的生物素溶液,每升培养基加入 5 mL 甲醇,培养 24 h 后每升培养基再补加 5 mL 甲醇。

11. PDA 培养基

PDA 培养基是人们对马铃薯葡萄糖琼脂培养基的简称,它是一种常用的培养基,宜培养酵母菌、霉菌、蘑菇等真菌。

配制每升培养基,应将马铃薯去皮,切成小块,称取 200 g 置于锅中加水 1000 mL 煮沸 0.5 h,用双层纱布过滤,滤液中加入:

蔗糖(或葡萄糖)　　　　　　　　　　　　　20 g

加去离子水补足 1 L,加入 15 g 琼脂粉,在 1.45×10^5 Pa 高压下蒸汽灭菌 15 min。

二、含有琼脂或琼脂糖的培养基

先按上述配方制成液体培养基,临高压蒸汽灭菌前加入下列试剂中的一份:

细菌培养用琼脂　　　　　　　　　　　　15 g/L(铺制平板用)

细菌培养用琼脂　　　　　　　　　　　　7 g/L(配制顶层琼脂用)

琼脂糖　　　　　　　　　　　　　　　15 g/L(铺制平板用)

琼脂糖　　　　　　　　　　　　　　　7 g/L(配制顶层琼脂糖用)

在 1.034×10^5 Pa 高压下蒸汽灭菌 20 min。从高压灭菌器中取出培养基时应轻轻旋动以使熔化的琼脂或琼脂糖能均匀分布于整个培养基溶液中。此时培养基溶液可能过热,旋动液体会发生暴沸,必须小心。应使培养基降温至 50 ℃,方可加入不耐热的物质(如抗生素)。为避免产生气泡,混匀培养基时应采取旋动的方式,然后可直接从烧瓶中倾出培养基铺制平板。90 mm 直径的培养皿需 30～50 mL 培养基。如果平板上的培养基有气泡形成,可在琼脂或琼脂糖凝结前用本生灯灼烧培养基表面以除去气泡。按设定的颜色记号在相应平板的边缘作记号以区别不同的培养平板。

培养基完全凝结后,应倒置培养皿并将其储存于 4 ℃备用。使用前 1～2 h 应取出储存的培养皿。如果平板是新鲜制备的,在 37 ℃温育时会"发汗",便会导致细菌克隆或噬菌体噬斑在平板表面交互扩散而增加交叉污染的机会。为了避免这一问题,可以拭去培养皿内部的冷凝水,并把培养皿倒置于 37 ℃温育数小时再使用,也可快速甩一下培养皿盖以除去冷凝水。为尽可能减少污染的机会,除去盖上的水滴时应把开盖的培养皿倒置握在手上。

三、抗生素

常见抗生素及其储存液浓度等见表 B-1。

表 B-1　常见抗生素

抗　生　素	储　存　液*		工　作　浓　度	
	浓度/(mg/mL)	保存条件/℃	严紧型质粒/(μg/mL)	松弛型质粒/(μg/mL)
氨苄青霉素	50(溶于水)	−20	20	60
羧苄青霉素	50(溶于水)	−20	20	60
氯霉素	34(溶于乙醇)	−20	25	170
卡那霉素	10(溶于水)	−20	10	50
链霉素	10(溶于水)	−20	10	50
四环素**	5(溶于乙醇)	−20	10	50

* 以水为溶剂的抗生素储存液应通过 0.22 μm 滤器过滤除菌,以乙醇为溶剂的抗生素溶液无须除菌处理,所有抗生素溶液均应放于不透光的容器中保存。

** 金属离子是四环素的拮抗剂,四环素抗性菌的筛选应使用不含金属盐的培养基(如 LB 培养基)。

附录 C
微生物保存方法
及保藏机构

一、常见微生物保存方法

细菌可用穿刺保存法存放 2 年之久,或用冷冻保存法无限期存放。

1. 穿刺保存法

使用容量为 2～3 mL 并带有螺口旋盖和橡皮垫圈的玻璃试管,加入相当于 2/3 容量的熔化 LB 琼脂,旋上盖子,但并不拧紧,在 $1.034×10^5$ Pa 高压下蒸汽灭菌 20 min。从高压蒸汽灭菌器中取出玻璃试管,冷却至室温后拧紧盖子,将其置于室温下保存备用。

保存细菌时,用灭菌的接种针挑取良好的单菌落,把针穿过琼脂直达瓶底数次,盖上瓶盖并拧紧,在瓶身和瓶盖上均做好标记,在室温下存放于暗处(更加广为接受的做法是将瓶盖放松,在适当温度下培养过夜,然后拧紧瓶盖并加封 Parafilm 膜,最好于 4 ℃或室温下避光保存)。

2. 冷冻保存法

(1) 在液体培养基中生长的细菌培养物的保存

取 0.85 mL 细菌培养物,加入 0.15 mL 灭菌甘油(甘油应在 $1.034×10^5$ Pa 高压下蒸汽灭菌 20 min),振荡培养物使甘油分布均匀,然后转移至标记好的、带有螺口盖和空气密封圈的菌种管内,在乙醇干冰或液氮中冻结后再转至 -70 ℃条件下长期保存。

复苏菌种时,用灭菌的接种针刮拭冻结的培养物表面,然后立即把黏附在接种针上的细菌划于含适当抗生素的 LB 琼脂平板表面,冻干保存的菌种管重置于 -70 ℃,而 LB 琼脂平板于 37 ℃培养过夜。

(2) 在琼脂平板上生长的细菌培养物的保存

从琼脂平板表面刮下细菌放入装有 2 mL LB 培养基的无菌试管内,再加入等量的含有 30%灭菌甘油的 LB 培养基,振荡混合物使甘油完全分布均匀后,分装于带有螺口盖和空气密封圈的菌种管中,按上述方法冷冻保存。

二、国内、外主要菌种保藏机构介绍

世界上有许多菌种保藏服务机构,它们除了主要的工作职能(如收集、保存和提供菌种)外还提供一系列其他服务,包括菌种鉴定及保藏、安全存放及专利存放。

1. 国内的菌种保藏中心

我国于 1979 年 7 月成立了中国微生物菌种保藏管理委员会(CCCCM),它的任务是促进我国微生物菌种保藏的合作、协调与发展,以便更好地利用微生物资源为我国的经济建设、科学研究和教育事业服务。以下将对 CCCCM 下属的几个菌种保藏中心一一作介绍。

中国工业微生物菌种保藏管理中心(China center of industrial collection,CCICC)是中国国家级工业微生物菌种保藏中心,也是国际菌种保藏联合会(WFCC)和中国微生物菌种保藏管理委员会成员之一,负责全国工业生产与研究应用微生物菌种的收集、鉴定、保藏与供应,以及微生物菌种保藏技术与应用技术的研究与培训等。CCICC 成立于 1979 年,挂靠中国食品发酵工业研究所,曾对全国工业和商业系统应用微生物菌种进行系统的调查、收集、鉴定和研究。目前该中心保藏国内、外各类工业微生物菌种 1 750 余株,包括细菌 380 余株,酵母菌 750 余株,丝状真菌 620 余株,基本覆盖了食品与发酵行业各类生产和科研用的微生物,其中许多优良菌株的生产性能具有较高水平。CCICC 与日本、美国、英国、韩国、中国台湾与中国香港等数十个国家和地区的菌种保藏与研究机构建立有广泛的联系与合作,每年可以为国内、外生产企业和科研机构提供数千株生产和实验用工业微生物菌株。

工业微生物是一种重要的生物资源和特殊的生产工具,微生物菌种保藏则是充分利用这种资源为社会创造财富,为企业实现利润,有效的保藏技术和手段可以防止生产菌种在长期保藏过程中原有优良性能发生变异和生产性能出现退化。CCICC 成立以来,在菌种保藏的科学化管理、微生物操作技能的规范化培训、菌种资源的开发利用以及生产菌株的更新换代等方面进行了卓有成效的工作,积累了丰富的经验,培养了一大批具有丰富实践经验的高素质专业人员,为中国工业微生物资源的保护、管理和开发作出了重要贡献,有力地推动了我国食品与发酵行业应用微生物技术的发展。

该中心以工业微生物菌种资源为基础,开展工业微生物菌种的保藏、提供、分离、鉴定,以及培训和咨询六个方面的工作。该中心编写出版《中国工业微生物菌种目录》,并备有几十种国际菌种保藏联合会成员机构的菌种目录提供查询。

林业微生物菌种保藏中心是中国微生物菌种保藏管理委员会下属的七个中心之一。1985 年该中心经林业部批准正式成立,确定由中国林业科学院负责组成,1994 年由森林保护所代管。林业微生物菌种保藏中心主要侧重林业微生物领域,负责微生物菌种的统一管理、收集、鉴定、保藏、命名、编目、供应及国内、外交流,以便更好地利用微生物资源,为我国的经济建设、科学研究和教育事业服务。该中心现保藏菌种资源 696 株,分属于197 个属(323 个亚种或变种),包括病毒、细菌、酵母菌、放线菌、丝状真菌、担子菌等,分散保管于有关院校和科研单位,由他们向社会提供。该中心于 1992 年参加编写了《中国菌种目录》,1997 年主持编写出版了《中国林业菌科目录》等。

中国科学院典型培养物保藏委员会成立于 1996 年 4 月,该委员会下设 9 个保藏中心或资源库,它们分别是:中国普通微生物保藏管理中心(CGMCC);中国病毒保藏中心(CCGVCC);细胞库;昆明细胞库;基因库;植物离体种质库(IVPGC);稀有濒危特有植物种质库(REPE);海洋生物种质库;淡水藻种质库(FACHB)。此外,该委员会还成立了信息网络中心,以建立生物信息数据库并致力于实现生物信息资源的网络共享。该委员会共收录各种培养物约 16000 个株系,其中菌株 13000 多株、细胞 280 多株、基因及基因元件 460 多个、珍稀濒危动物细胞 300 多株、组织 400 多块、病毒 760 多株、植物离体种质290 多种、淡水藻类 600 多株、海洋藻类 100 多种及珍稀濒危植物种质 370 多株。作为主要的培养物保藏中心之一,本委员会每年向社会所提供的培养物株系超过 19000 株,并在中国生物多样性的保藏、研究和保护中起着关键作用。

中国科学院典型培养物保藏委员会基因库是中国科学院典型培养物保藏委员会下属的一个分支机构,筹建于 1988 年,挂靠于中国科学院上海生物工程研究中心。该基因库设有专用的实验室,添置了相关的仪器设备,1991 年 2 月正式启用,其任务是收集和保藏各种生物来源与人工构建的基因、基因元件、载体、基因组 DNA、宿主细胞和工程细胞株等,目前已有保存物 282 株。中国科学院典型培养物保藏委员会基因库是一个旨在促进科研、教学和生产发展的非营利性社会性服务机构,除收集和保藏各类基因、载体、宿主细胞等以外,同时开展有关基因资源保藏新技术的研究,比较几种不同保存方法,建立长期保存的最佳方案,还对已经开展的人类基因组计划开设人类基因资源的收集和保存技术的研究。这对于我国生物技术的发展、某些疾病的治疗、经济动植物的开发利用都有重要的意义。基因库在保护知识产权的原则下,为科研、教学和生产单位提供与交换所保存的各类基因元件和菌株。在提供与交换保存物时,将根据保存物的性质和保存人的要求,签订相应的条约,保证保存人的知识产权不受到损害。除此以外,基因库还对外提供各种标记的和非标记的引物、探针等寡聚 DNA 与基因的合成、设计及咨询等服务项目。

中国科学院典型培养物保藏委员会细胞库是为了顺应我国生物技术发展的需要成立的,"七五"期间中国科学院在上海细胞生物学研究所筹建中国科学院细胞库,1991 年正式启用,1996 年中国科学院典型培养物保藏委员会成立,细胞库为其成员之一。细胞库建造了超过 500 m² 的细胞库专用实验楼,添置了相关的仪器设备,建立了染色体分析、同工酶分析、支原体检测、逆转录病毒检测等质量控制方法和细胞株(系)的收集、保藏和分发制度,现已收藏有各类细胞约 238 株。细胞库旨在收集、开发及保藏我国和国外的人和动物的细胞株(系)资源,研究和发展细胞培养新技术,研究和发展细胞株(系)的保藏、质量控制和分发的新技术,面向全国,为我国生命科学和生物技术领域的研究工作和产业化提供标准化的细胞株(系)及有关服务,向社会发放人和动物的正常细胞、遗传突变细胞、肿瘤细胞和某些杂交瘤细胞株(系)。

中国典型培养物保藏中心(China center for type culture collection,CCTCC)是于1985 年由国家知识产权局(原中国专利局)指定、经教育部(原国家教委)批准建立的专利培养物保藏机构,受理国内、外用于专利程序的培养物保藏。保藏的培养物(生物材料或菌种)包括细菌、放线菌、酵母菌、真菌、单细胞藻类、人和动物细胞系、转基因细胞、杂交瘤、原生动物、地衣、植物组织、植物种子、动植物病毒、噬菌体、质粒和基因文库等。1987年 CCTCC 加入世界培养物保藏联盟(world federation for culture collections,WFCC),经世界知识产权组织审核批准,自 1995 年 7 月 1 日起成为布达佩斯条约国际确认的培养物保藏单位(international depository authority,IDA)。迄今为止,CCTCC 已保藏有来自

20 个国家和地区的各类专利培养物(生物材料或菌种)1200 多株,非专利培养物 2000 多株,标准细胞系、模式菌株 300 多株,它是国内保藏范围最广、专利培养物保藏数量最多的保藏机构。CCTCC 广泛收集、保藏、提供与教学、科研和生产有关的各类培养物,开展微生物分类学、微生物生态学、菌种数据库和低温生物学、细胞生物学及分子生物学等理论与应用的研究。

中国病毒保藏中心是我国唯一的普通病态资源收集、分类、鉴定、保藏和研究的机构,是我国生物资源管理机构的重要组成部分,该保藏中心主要对生物多样性病毒资源进行保护和集中管理,对国家的经济发展、科学研究、教育和生产起着极为重要的作用。该保藏中心保藏病毒(包括昆虫病毒、动物病毒和人类医学病毒、植物病毒及细菌病毒)600 余株,保藏中心科研人员 13 人,具有 3360 m² 的实验大楼(包括实验室、低温间、温室、仪器室和会议室)。该保藏中心建立了病毒数据库,实现了毒株的微机管理,已向国内和许多其他国家提供了病毒株系和某些抗血清,并与其他合作机构进行了毒株的交换。

中国病毒保藏中心是一个从事病毒分类和鉴定的研究中心,分为动物病毒研究组、植物病毒研究组、昆虫病毒研究组和细菌病毒研究组,可提供和交换的病毒有:细菌病毒8000余株、昆虫病毒 40 余株、动物病毒和人类医学病毒近 100 株、植物病毒 40 余株。

2. 国外著名菌种保藏中心

(1) 美国典型菌种收藏所(ATCC)

该收藏所位于美国马里兰州罗克维尔市,保藏有细菌 8000 余株、细菌和噬菌体15000 余种、丝状真菌 4400 余株、酵母菌 606 株及其他菌种千余株,还有原生动物 1200余种及重组生物等。保藏方法主要采用冷冻干燥法和液氮超低温冻结法。

(2) 荷兰真菌中心收藏所(CBS)

该收藏所位于荷兰巴尔恩市,保藏有细菌 1000 余株、丝状真菌 13000 余株、酵母菌3500 余株等。

(3) 英联邦真菌研究所(CMI)

该研究所位于英国丘园。

(4) 冷泉港研究室(CSHL)

该研究室为美国著名研究机构。

(5) 日本东京大学应用微生物研究所(IAM)

该研究所位于日本东京。

(6) 日本大阪发酵研究所(IFO)

该研究所位于日本大阪。

(7) 日本微生物收藏中心(JCM)

该中心位于日本东京,收藏有 4000 余株细菌、170 余株黏菌、2500 余株真菌。

(8) 国立标准菌种收藏所(NCTC)

该收藏所位于英国伦敦。

(9) 国立卫生研究院(NIH)

该研究院位于美国马里兰州贝塞斯达市。

(10) 美国农业部北方开发利用研究部(NRRL)

该研究部位于美国皮奥里亚市,收藏有5000余株细菌、1700余株丝状真菌、6000余株酵母菌。

(11)国立血清研究所(SSI)

该研究所位于丹麦。

(12)世界卫生组织(WHO)

联合国设立的专门机构。

(13)里昂巴斯德研究所(IPL)

该研究所位于法国里昂市,保藏有6390余株细菌。

(14)何赫研究所(RKI)

该研究所位于德国,保藏有11000余株医用微生物细菌、40余株丝状真菌、60余株酵母菌。

附录 D
实验室常用试剂的特性
及配制方法

表 D-1　实验室常用酸、碱的密度、质量分数和浓度表

名　　　称	密度(室温时)/(g/mL)	质量分数/(%)	浓度/(mol/L)
浓盐酸(HCl)	1.19	36.0	12.0
浓硫酸(H_2SO_4)	1.84	95.0	18.0
浓硝酸(HNO_3)	1.42	71.0	16.0
浓磷酸(H_3PO_4)	1.71	85	15.0
冰乙酸(HAc)	1.05	99.5	17.4
高氯酸($HClO_4$)	1.67	70	11.65
浓氨水($NH_3 \cdot H_2O$)	0.90	28	15.0
饱和氢氧化钠溶液(NaOH)	1.53	50	19.1
饱和氢氧化钾溶液(KOH)	1.52	50	13.5

表 D-2　一些常见蛋白质的相对分子质量参考值表

蛋　白　质	相对分子质量	蛋　白　质	相对分子质量
细胞色素 C	12800	乳酸脱氢酶	36000
核糖核酸酶	13700	醇脱氢酶(酵母)	37000
溶菌酶	14300	肌酸激酶	40000
血红蛋白	15500	烯醇酶	41000
肌红蛋白	17200	卵清蛋白	43000
β-乳球蛋白	18400	γ-球蛋白,H 链	50000
木瓜蛋白酶(羟甲基)	23000	谷氨酸脱氢酶	53000
胰蛋白酶	23300	丙酮酸激酶	57000
糜蛋白酶原(胰凝乳蛋白酶原)	25700	过氧化氢酶	60000
枯草杆菌蛋白酶	27600	血清白蛋白	68000
碳酸酐酶	29000	磷酸化酶 A	94000
羧肽酶 A	34000	β-半乳糖苷酶	130000
胃蛋白酶	35000	肌球蛋白	220000

表 D-3　一些常见蛋白质的等电点参考值表

蛋　白　质	等电点（pI）	蛋　白　质	等电点（pI）
胃蛋白酶	1.0 左右	γ_1-球蛋白（人）	5.8～6.6
尿促性腺激素	3.2～3.3	γ_2-球蛋白（人）	7.3～8.2
α-卵清黏蛋白	3.84～4.41	胶原蛋白	6.6～6.8
卵清蛋白	4.6	生长激素	6.85
人血清白蛋白	4.7	肌红蛋白	6.99
牛血清白蛋白	4.9	血红蛋白（人）	7.07
白明胶	4.7～5.0	血红蛋白（鸡）	7.23
鱼胶	4.8～5.2	血红蛋白（马）	6.92
牛痘病毒	5.3	核糖核酸酶（牛胰）	7.8
胰岛素	5.35	糜蛋白酶（胰凝乳蛋白酶）	8.1
α_1-脂蛋白	5.5	细胞色素 C	9.8～10.1
α-酪蛋白	4.0～4.1	胰蛋白酶	10.1
β-酪蛋白	4.5	胸腺组蛋白	10.80
γ-酪蛋白	5.8～6.0	溶菌酶	11.0～11.2
α-干扰素	6.2	鲑精蛋白	12.1

表 D-4　部分氨基酸的等电点参考值表

氨　基　酸	等电点（pI）	氨　基　酸	等电点（pI）
天冬氨酸	2.98	甘氨酸	5.97
谷氨酸	3.22	缬氨酸	5.97
半胱氨酸	5.02	亮氨酸	5.98
天冬酰胺	5.41	异亮氨酸	6.02
苯丙氨酸	5.48	丙氨酸	6.02
谷氨酰胺	5.65	脯氨酸	6.30
酪氨酸	5.65	苏氨酸	6.53
丝氨酸	5.69	组氨酸	7.58
甲硫氨酸	5.75	赖氨酸	9.74
色氨酸	5.88	精氨酸	10.76

附录 E
硫酸铵溶液饱和度计算表

表 E-1　调整硫酸铵溶液饱和度的计算表(25 ℃)

	硫酸铵溶液的终质量浓度,饱和度/(%)																
	10	20	25	30	33	35	40	45	50	55	60	65	70	75	80	90	100
硫酸铵溶液的初始质量浓度,饱和度/(%)	1 L 溶液中需要加入固体硫酸铵的质量*/g																
0	56	114	144	176	196	209	243	277	313	351	390	430	472	516	561	662	767
10		57	86	118	137	150	183	216	251	288	326	365	406	449	494	592	694
20			29	59	78	91	123	155	189	225	262	300	340	382	424	520	619
25				30	49	61	93	125	158	193	230	267	307	348	390	485	583
30					19	30	62	94	127	162	198	235	273	314	356	449	546
33						12	43	74	107	142	177	214	252	292	333	426	522
35							31	63	94	129	164	200	238	278	319	411	506
40								31	63	97	132	168	205	245	285	375	469
45									32	65	99	104	171	210	250	339	431
50										33	66	101	137	176	214	302	392
55											33	67	103	141	179	264	353
60												34	69	105	143	227	314
65													34	70	107	190	275
70														35	72	153	237
75															36	115	198
80																77	157
90																	79

*　在 25 ℃下,硫酸铵溶液由初始质量浓度调到终质量浓度时,每 1 L 溶液所加固体硫酸铵的质量(g)。

表 E-2　调整硫酸铵溶液饱和度的计算表(0 ℃)

		0 ℃时,硫酸铵溶液的终质量浓度,饱和度/(%)															
		20	25	30	35	40	45	50	55	60	65	70	75	80	85	90	95	100
		100 mL 溶液中需要加入固体硫酸铵的质量*/g																
硫酸铵溶液的初始质量浓度,饱和度/(%)	0	10.6	13.4	16.4	19.4	22.6	25.8	29.1	32.6	36.1	39.8	43.6	47.6	51.6	55.9	60.3	65.0	69.7
	5	7.9	10.8	13.7	16.6	19.7	22.9	26.2	29.6	33.1	36.8	40.5	44.4	48.4	52.6	57.0	61.5	66.2
	10	5.3	8.1	10.9	13.9	16.9	20	23.3	26.6	30.1	33.7	37.4	41.2	45.2	49.3	53.6	58.1	62.7
	15	2.6	5.4	8.2	11.1	14.1	17.2	20.4	23.7	27.1	30.6	34.3	38.1	42.0	46.0	50.3	54.7	59.2
	20	0	2.7	5.5	8.3	11.3	14.3	17.5	20.7	24.1	27.6	31.2	34.9	38.7	42.7	46.9	51.2	55.7
	25		0	2.7	5.6	8.4	11.5	14.6	17.9	21.1	24.5	28.0	31.7	35.5	39.5	43.6	47.8	52.2
	30			0	2.8	5.6	8.6	11.7	14.8	18.1	21.4	24.9	28.5	32.3	36.2	40.2	44.5	48.8
	35				0	2.8	5.7	8.7	11.8	15.1	18.4	21.8	25.4	29.1	32.9	36.9	41.0	45.3
	40					0	2.9	5.8	8.9	12	15.3	18.7	22.2	25.8	29.6	33.5	37.6	41.8
	45						0	2.9	5.9	9.0	12.3	15.6	19.0	22.6	26.3	30.2	34.2	38.3
	50							0	3.0	6.0	9.2	12.5	15.9	19.4	23.0	26.8	30.8	34.8
	55								0	3.0	6.1	9.3	12.7	16.1	19.7	23.5	27.3	31.3
	60									0	3.1	6.2	9.5	12.9	16.4	20.1	23.1	27.9
	65										0	3.1	6.3	9.7	13.2	16.8	20.5	24.4
	70											0	3.2	6.5	9.9	13.4	17.1	20.9
	75												0	3.2	6.6	10.1	13.7	17.4
	80													0	3.3	6.7	10.3	13.9
	85														0	3.4	6.8	10.5
	90															0	3.4	7.0
	95																0	3.5
	100																	0

* 在 0 ℃下,硫酸铵溶液由初始质量浓度调到终质量浓度时,每 100 mL 溶液所加固体硫酸铵的质量(g)。

表 E-3　不同温度下的饱和硫酸铵溶液

温度/℃	0	10	20	25	30
每 1 kg 水中含硫酸铵物质的量/mol	5.35	5.53	5.73	5.82	5.91
质量分数/(%)	42.42	43.33	43.09	43.47	43.85
1 L 水中硫酸铵达到饱和所需量/g	706.8	730.5	755.8	766.8	777.5
1 L 饱和溶液含硫酸铵的量/g	514.8	525.2	536.5	541.2	545.9

附录 F
缓 冲 液

一、标准缓冲液的配制方法

1. pH4.00(10～20 ℃)标准缓冲液(0.05 mol/L 邻苯二甲酸氢钾溶液)

将邻苯二甲酸氢钾在 105 ℃烘箱中烘干 2～3 h,在干燥器中冷却后,称取 5.07 g 溶于蒸馏水中,并在容量瓶中定容至 500 mL,备用。

2. pH6.88(20 ℃)标准缓冲液(0.025 mol/L 磷酸二氢钾溶液和 0.025 mol/L 磷酸氢二钠溶液)

将磷酸二氢钾和磷酸氢二钠在 115 ℃烘箱中烘干 2～3 h,在干燥器中冷却后,分别称取磷酸二氢钾(KH_2PO_4)3.401 g 和磷酸氢二钠($Na_2HPO_4 \cdot 12H_2O$)8.95 g 溶于蒸馏水中,并在容量瓶中定容至 1 L,备用。

3. pH9.18(25 ℃)标准缓冲液(0.01 mol/L 硼砂溶液)

称取硼砂(即四硼酸钠,$Na_2B_4O_7 \cdot 10H_2O$)3.81 g 溶于煮沸过的蒸馏水中,并在容量瓶中定容至 1 L,备用。

不同温度时标准缓冲液的 pH 值见表 F-1。

表 F-1　不同温度时标准缓冲液的 pH 值

温度/℃	0.05 mol/L 邻苯二甲酸氢钾缓冲液的 pH 值	0.025 mol/L 磷酸盐缓冲液的 pH 值	0.01 mol/L 硼砂缓冲液的 pH 值
0	4.01	6.98	9.46
5	4.00	6.95	9.39
10	4.00	6.92	9.33
15	4.00	6.90	9.28
20	4.00	6.88	9.23
25	4.00	6.86	9.18
30	4.01	6.85	8.14
35	4.02	6.84	9.10
40	4.03	6.84	9.07
50	4.06	6.83	9.02

二、常用缓冲液的配制方法

1. 甘氨酸-盐酸缓冲液(0.05 mol/L,25 ℃)

X mL 0.2 mol/L 甘氨酸溶液＋Y mL 0.2 mol/L 盐酸(表 F-2),用水稀释至 200 mL。

表 F-2　不同 pH 值甘氨酸-盐酸缓冲液的配制

pH 值	X	Y	pH 值	X	Y
2.0	50	44.0	3.0	50	11.4
2.4	50	32.4	3.2	50	8.2
2.6	50	24.2	3.4	50	6.4
2.8	50	16.8	3.6	50	5.0

甘氨酸:M_r＝75.07。

0.2 mol/L 甘氨酸溶液的配制:15.01 g 甘氨酸溶解后,用水定容至 1 L。

2. 邻苯二甲酸氢钾-盐酸缓冲液(0.05 mol/L,25 ℃)

X mL 0.2 mol/L 邻苯二甲酸氢钾溶液＋Y mL 0.2 mol/L 盐酸(表 F-3),用水稀释至 200 mL。

表 F-3　不同 pH 值邻苯二甲酸氢钾-盐酸缓冲液的配制

pH 值	X	Y	pH 值	X	Y
2.2	50	46.7	3.2	50	14.70
2.4	50	39.6	3.4	50	9.90
2.6	50	33.0	3.6	50	5.97
2.8	50	26.4	3.8	50	2.63
3.0	50	20.3			

邻苯二甲酸氢钾:M_r＝204.23。

0.2 mol/L 邻苯二甲酸氢钾溶液的配制:40.85 g 邻苯二甲酸氢钾溶解后,加水定容至 1 L。

3. 邻苯二甲酸氢钾-氢氧化钠缓冲液(25 ℃)

X mL 0.1 mol/L 邻苯二甲酸氢钾溶液＋Y mL 0.1 mol/L 氢氧化钠溶液(表 F-4),用水稀释至 100 mL。

表 F-4　不同 pH 值邻苯二甲酸氢钾-氢氧化钠缓冲液的配制

pH 值	X	Y	pH 值	X	Y
4.2	50	3.0	5.2	50	28.8
4.4	50	6.6	5.4	50	34.1
4.6	50	11.1	5.6	50	38.8
4.8	50	16.5	5.8	50	42.3
5.0	50	22.6			

0.1 mol/L 邻苯二甲酸氢钾溶液的配制:20.43 g 邻苯二甲酸氢钾溶解后,加水定容至 1 L。

4. 磷酸氢二钠-柠檬酸缓冲液

X mL 0.2 mol/L 磷酸氢二钠溶液＋Y mL 0.1 mol/L 柠檬酸溶液(表 F-5)。

表 **F-5** 不同 **pH** 值磷酸氢二钠-柠檬酸缓冲液的配制

pH 值	X	Y	pH 值	X	Y
2.2	0.40	19.60	5.2	10.72	9.28
2.4	1.24	18.76	5.4	11.15	8.85
2.6	2.18	17.82	5.6	11.60	8.40
2.8	3.17	16.83	5.8	12.09	7.91
3.0	4.11	15.89	6.0	12.63	7.37
3.2	4.94	15.06	6.2	13.22	6.78
3.4	5.70	14.30	6.4	13.85	6.15
3.6	6.44	13.56	6.6	14.55	5.45
3.8	7.10	12.90	6.8	15.45	4.55
4.0	7.71	12.29	7.0	16.47	3.53
4.2	8.28	11.72	7.2	17.39	2.61
4.4	8.82	11.18	7.4	18.17	1.83
4.6	9.38	10.65	7.6	18.73	1.27
4.8	9.86	10.14	7.8	19.15	0.85
5.0	10.30	9.70	8.0	19.45	0.55

Na_2HPO_4:$M_r=141.98$。

0.2 mol/L 磷酸氢二钠溶液的配制:称取 28.40 g Na_2HPO_4 溶解后,加水定容至 1 L。

$Na_2HPO_4 \cdot 2H_2O$:$M_r=178.05$。

0.2 mol/L 磷酸氢二钠溶液的配制:称取 35.61 g $Na_2HPO_4 \cdot 2H_2O$ 溶解后,加水定容至 1 L。

$Na_2HPO_4 \cdot 12H_2O$:$M_r=358.22$。

0.2 mol/L 磷酸氢二钠溶液的配制:称取 71.64 g $Na_2HPO_4 \cdot 12H_2O$ 溶解后,加水定容至 1 L。

$C_6H_8O_7 \cdot H_2O$:$M_r=210.14$。

0.1 mol/L 柠檬酸溶液的配制:称取 21.01 g 柠檬酸溶解后,加水定容至 1 L。

5. 柠檬酸-柠檬酸钠缓冲液(0.1 mol/L)

X mL 0.1 mol/L 柠檬酸溶液＋Y mL 0.1 mol/L 柠檬酸钠溶液(表 F-6)。

表 F-6 不同 pH 值柠檬酸-柠檬酸钠缓冲液的配制

pH 值	X	Y	pH 值	X	Y
3.0	18.6	1.4	5.0	8.2	11.8
3.2	17.2	2.8	5.2	7.3	12.7
3.4	16.0	4.0	5.4	6.4	13.6
3.6	14.9	5.1	5.6	5.5	14.5
3.8	14.0	6.0	5.8	4.7	15.3
4.0	13.1	6.9	6.0	3.8	16.2
4.2	12.3	7.7	6.2	2.8	17.2
4.4	11.4	8.6	6.4	2.0	18.0
4.6	10.3	9.7	6.6	1.4	18.6
4.8	9.2	10.8			

$C_6H_8O_7 \cdot H_2O$：$M_r = 210.14$。

0.1 mol/L 柠檬酸溶液的配制：称取 21.01 g 柠檬酸溶解后，加水定容至 1 L。

$Na_3C_6H_8O_7 \cdot 2H_2O$：$M_r = 294.12$。

0.1 mol/L 柠檬酸钠溶液的配制：称取 29.41 g 柠檬酸钠溶解后，加水定容至 1 L。

6. 乙酸钠-乙酸缓冲液(0.2 mol/L，18 ℃)

X mL 0.2 mol/L 乙酸钠溶液＋Y mL 0.2 mol/L 乙酸溶液(表 F-7)。

表 F-7 不同 pH 值乙酸钠-乙酸缓冲液的配制

pH 值	X	Y	pH 值	X	Y
3.6	7.5	92.5	4.8	59.0	41.0
3.8	12.0	88.0	5.0	70.0	30.0
4.0	18.0	82.0	5.2	79.0	21.0
4.2	26.5	73.5	5.4	86.0	14.0
4.4	37.5	63.0	5.6	91.0	9.0
4.6	49.0	51.0	5.8	94.0	6.0

$NaAc \cdot 3H_2O$：$M_r = 136.09$。

0.2 mol/L 乙酸钠溶液的配制：称取 27.22 g 乙酸钠溶解后，加水定容至 1 L。

乙酸(HAc)：$M_r = 60.02$。

0.2 mol/L 乙酸溶液的配制：称取 11.7 g 乙酸溶解后，加水定容至 1 L。

7. 磷酸氢二钠-磷酸二氢钾缓冲液(0.067 mol/L)

X mL 0.067 mol/L 磷酸氢二钠溶液＋Y mL 0.067 mol/L 磷酸二氢钾溶液(表 F-8)。

表 F-8　不同 pH 值磷酸氢二钠-磷酸二氢钾缓冲液的配制

pH 值	X	Y	pH 值	X	Y	pH 值	X	Y
5.4	3.0	97.0	6.5	31.8	68.2	7.4	80.4	19.6
5.6	5.0	95.0	6.6	37.5	62.5	7.5	84.1	15.9
5.8	7.8	92.2	6.7	43.5	56.5	7.6	86.8	13.2
5.9	9.9	90.1	6.8	50.5	50.0	7.7	89.4	10.6
6.0	12.0	88.0	6.9	55.4	44.6	7.8	91.4	8.6
6.1	15.3	84.0	7.0	61.1	38.9	7.9	93.2	6.8
6.2	18.5	81.5	7.1	66.6	33.4	8.0	94.5	5.5
6.3	22.4	77.6	7.2	71.5	28.5	8.1	95.8	4.2
6.4	26.5	73.5	7.3	76.8	23.2	8.2	97.0	3.0

$Na_2HPO_4 \cdot 2H_2O:M_r = 178.05$。

0.067 mol/L 磷酸氢二钠溶液的配制:称取 11.87 g $Na_2HPO_4 \cdot 2H_2O$ 溶解后,加水定容至 1 L。

$Na_2HPO_4 \cdot 12H_2O:M_r = 358.22$。

0.067 mol/L 磷酸氢二钠溶液的配制:称取 23.88 g $Na_2HPO_4 \cdot 12H_2O$ 溶解后,加水定容至 1 L。

$KH_2PO_4:M_r = 136.09$。

0.067 mol/L 磷酸二氢钾溶液的配制:称取 9.08 g 磷酸二氢钾溶解后,加水定容至 1 L。

8. 磷酸氢二钠-磷酸二氢钠缓冲液(0.2 mol/L,25 ℃)

X mL 0.2 mol/L 磷酸氢二钠溶液 + Y mL 0.2 mol/L 磷酸二氢钠溶液(表 F-9)。

表 F-9　不同 pH 值磷酸氢二钠-磷酸二氢钠缓冲液的配制

pH 值	X	Y	pH 值	X	Y
5.8	8.0	92.0	7.0	61.0	39.0
5.9	10.0	90.0	7.1	67.0	33.0
6.0	12.3	87.7	7.2	72.0	28.0
6.1	15.0	85.0	7.3	77.0	23.0
6.2	18.5	81.5	7.4	81.0	19.0
6.3	22.5	77.5	7.5	84.0	16.0
6.4	26.5	73.5	7.6	87.0	13.0
6.5	31.5	68.5	7.7	89.5	10.5
6.6	37.5	62.5	7.8	91.5	8.5
6.7	43.5	56.5	7.9	93.0	7.0
6.8	49.0	51.0	8.0	94.7	5.3
6.9	55.0	45.0			

$Na_2HPO_4 \cdot 2H_2O$:$M_r = 178.05$。

0.2 mol/L 磷酸氢二钠溶液的配制:称取 35.61 g $Na_2HPO_4 \cdot 2H_2O$ 溶解后,加水定容至 1 L。

$Na_2HPO_4 \cdot 12H_2O$:$M_r = 358.22$。

0.2 mol/L 磷酸氢二钠溶液的配制:称取 71.64 g $Na_2HPO_4 \cdot 12H_2O$ 溶解后,加水定容至 1 L。

$NaH_2PO_4 \cdot H_2O$:$M_r = 138.01$。

0.2 mol/L 磷酸二氢钠溶液的配制:称取 27.60 g $NaH_2PO_4 \cdot H_2O$ 溶解后,加水定容至 1 L。

$NaH_2PO_4 \cdot 2H_2O$:$M_r = 156.03$。

0.2 mol/L 磷酸二氢钠溶液的配制:称取 31.21 g $NaH_2PO_4 \cdot 2H_2O$ 溶解后,加水定容至 1 L。

9. 磷酸二氢钾-氢氧化钠缓冲液(0.05 mol/L)

X mL 0.2 mol/L 磷酸二氢钾溶液+Y mL 0.2 mol/L 氢氧化钠溶液(表 F-10),加水稀释至 200 mL。

表 F-10   不同 pH 值磷酸二氢钾-氢氧化钠缓冲液的配制

pH 值	X	Y	pH 值	X	Y
5.8	50	3.72	7.0	50	29.63
6.0	50	5.70	7.2	50	35.00
6.2	50	8.60	7.4	50	39.50
6.4	50	12.60	7.6	50	42.80
6.6	50	17.80	7.8	50	45.20
6.8	50	23.65	8.0	50	46.80

KH_2PO_4:$M_r = 136.09$。

0.2 mol/L 磷酸二氢钾溶液配制:称取 27.22 g 磷酸二氢钾溶解后,加水定容至 1 L。

10. Tris-盐酸缓冲液(0.05 mol/L,25 ℃)

X mL 0.1 mol/L Tris 溶液+Y mL 0.1 mol/L 盐酸(表 F-11),加水稀释至 100 mL。

表 F-11   不同 pH 值 Tris-盐酸缓冲液的配制

pH 值	X	Y	pH 值	X	Y
7.1	50	45.7	8.1	50	26.2
7.2	50	44.7	8.2	50	22.9
7.3	50	43.4	8.3	50	19.1
7.4	50	42.0	8.4	50	17.2
7.5	50	40.3	8.5	50	14.7
7.6	50	38.5	8.6	50	12.4
7.7	50	36.6	8.7	50	10.3

续表

pH 值	X	Y	pH 值	X	Y
7.8	50	34.5	8.8	50	8.5
7.9	50	32.0	8.9	50	7.0
8.0	50	29.2	9.0	50	5.7

Tris:M_r=121.142。

0.1 mol/L Tris 溶液的配制:称取 12.114 g Tris 溶解后,加水定容至 1 L。

11. 巴比妥钠-盐酸缓冲液(18 ℃)

X mL 0.04 mol/L 巴比妥钠溶液＋Y mL 0.2 mol/L 盐酸(表 F-12),混合。

表 F-12　不同 pH 值巴比妥钠-盐酸缓冲液的配制

pH 值	X	Y	pH 值	X	Y
6.8		18.4	8.4		5.21
7.0		17.8	8.6		3.82
7.2		16.7	8.8		2.52
7.4	100	15.3	9.0	100	1.65
7.6		13.4	9.2		1.13
7.8		11.47	9.4		0.70
8.0		9.39	9.6		0.35
8.2		7.21			

巴比妥钠:M_r=206.02。

0.04 mol/L 巴比妥钠溶液的配制:称取 8.25 g 巴比妥钠溶解后,加水定容至 1 L。

12. 硼砂-硼酸缓冲液(0.2 mol/L 硼酸根)

X mL 0.05 mol/L 硼砂溶液＋Y mL 0.2 mol/L 硼酸(表 F-13)。

表 F-13　不同 pH 值硼砂-硼酸缓冲液的配制

pH 值	X	Y	pH 值	X	Y
7.4	10	90	8.2	35	65
7.6	15	85	8.4	45	55
7.8	20	80	8.7	60	40
8.0	30	70	9.0	80	20

硼砂($Na_2B_4O_7$):M_r=381.43。

0.05 mol/L 硼砂溶液(0.2 mol/L 硼酸根)的配制:称取 19.07 g 硼砂溶解后,加水定容至 1 L。

硼酸($H_3B_4O_7$):M_r=61.84。

0.2 mol/L 硼酸的配制:称取 12.37 g 硼酸溶解后,加水定容至 1 L。

13. 硼砂-氢氧化钠缓冲液(0.05 mol/L 硼酸根)

X mL 0.05 mol/L 硼砂溶液＋Y mL 0.2 mol/L 氢氧化钠溶液(表 F-14),加水稀释

至 200 mL。

表 F-14　不同 pH 值硼砂-氢氧化钠缓冲液的配制

pH 值	X	Y	pH 值	X	Y
9.3	50	6.0	9.8	50	34.0
9.4	50	11.0	10.0	50	43.0
9.6	50	23.0	10.1	50	46.0

硼砂($Na_2B_4O_7$)：$M_r = 381.43$。

0.05 mol/L 硼砂溶液的配制：称取 19.07 g 硼砂溶解后，加水定容至 1 L。

14. 甘氨酸-氢氧化钠缓冲液(0.05 mol/L)

X mL 0.2 mol/L 甘氨酸溶液＋Y mL 0.2 mol/L 氢氧化钠溶液（表 F-15），加水稀释至 200 mL。

表 F-15　不同 pH 值甘氨酸-氢氧化钠缓冲液的配制

pH 值	X	Y	pH 值	X	Y
8.6	50	4.0	9.6	50	22.4
8.8	50	6.0	9.8	50	27.2
9.0	50	8.8	10.0	50	32.0
9.2	50	12.0	10.4	50	38.6
9.4	50	16.8	10.6	50	45.5

甘氨酸：$M_r = 75.07$。

0.2 mol/L 甘氨酸溶液的配制：称取 15.01 g 甘氨酸溶解后，加水定容至 1 L。

15. 磷酸氢二钠-氢氧化钠缓冲液(25 ℃)

X mL 0.05 mol/L 磷酸氢二钠溶液＋Y mL 0.1 mol/L 氢氧化钠溶液（表 F-16），加水稀释至 100 mL。

表 F-16　不同 pH 值磷酸氢二钠-氢氧化钠缓冲液的配制

pH 值	X	Y	pH 值	X	Y
11.0	50	4.1	11.5	50	11.1
11.1	50	5.1	11.6	50	13.5
11.2	50	6.3	11.7	50	16.2
11.3	50	7.6	11.8	50	19.4
11.4	50	9.1	11.9	50	23.0

$Na_2HPO_4 \cdot 2H_2O$：$M_r = 178.05$。

0.05 mol/L 磷酸氢二钠溶液的配制：称取 8.90 g $Na_2HPO_4 \cdot 2H_2O$ 溶解后，加水定容至 1 L。

$Na_2HPO_4 \cdot 12H_2O$：$M_r = 358.22$。

0.2 mol/L 磷酸氢二钠溶液的配制：称取 17.91 g $Na_2HPO_4 \cdot 12H_2O$ 溶解后，加水定容至 1 L。

16．氯化钾-氢氧化钠缓冲液(25 ℃)

X mL 0.2 mol/L 氯化钾溶液＋*Y* mL 0.2 mol/L 氢氧化钠溶液(表 F-17)，加水稀释至 100 mL。

表 F-17　不同 pH 值氯化钾-氢氧化钠缓冲液的配制

pH 值	*X*	*Y*	pH 值	*X*	*Y*
12.0	25	6.0	12.6	25	25.6
12.1	25	8.0	12.7	25	32.2
12.2	25	10.2	12.8	25	41.2
12.3	25	12.8	12.9	25	53.0
12.4	25	16.2	13.0	25	66.0
12.5	25	20.4			

氯化钾：$M_r = 74.55$。

0.2 mol/L 氯化钾溶液的配制：称取 14.91 g 氯化钾溶解后，加水定容至 1 L。

17．广范围缓冲液(18 ℃)

配制混合液：称取 6.008 g 柠檬酸，3.893 g 柠檬二氢钾，1.769 g 硼酸，5.266 g 巴比妥，加蒸馏水定容至 1 L。

取 100 mL 混合液，加入 0.2 mol/L 氢氧化钠溶液 *X* mL(表 F-18)，加蒸馏水至 1 L。

表 F-18　不同 pH 广范围缓冲液的配制

pH 值	*X*	pH 值	*X*	pH 值	*X*
2.6	2.0	5.8	36.5	9.0	72.7
2.8	4.3	6.0	38.9	9.2	74.0
3.0	6.4	6.2	41.2	9.4	75.9
3.2	8.3	6.4	43.5	9.6	77.6
3.4	10.1	6.6	46.0	9.8	79.3
3.6	11.8	6.8	48.3	10.0	80.8
3.8	13.7	7.0	50.6	10.2	82.0
4.0	15.5	7.2	52.9	10.4	82.9
4.2	17.6	7.4	55.8	10.6	83.9
4.4	19.9	7.6	58.6	10.8	84.9
4.6	22.4	7.8	61.7	11.0	86.0
4.8	24.8	8.0	63.7	11.2	87.7
5.0	27.1	8.2	65.6	11.4	89.7
5.2	29.5	8.4	67.5	11.6	92.0
5.4	31.8	8.6	69.3	11.8	95.0
5.6	34.2	8.8	71.0	12.0	99.6

参考文献

CANKAOWENXIAN

[1] 郭勇.酶工程原理与技术[M].北京:高等教育出版社,2005.

[2] 万东石.酶工程实验指导[M].兰州:兰州大学出版社,2011.

[3] 陈坚.发酵工程实验技术[M].北京:化学工业出版社,2003.

[4] 吴根福.发酵工程实验指导[M].北京:高等教育出版社,2006.

[5] 刘叶青.生物分离工程实验[M].北京:高等教育出版社,2006.

[6] 李寅.高细胞密度发酵技术[M].北京,化学工业出版社,2006.

[7] 郭小华,熊海容,刘虹,覃瑞.一种从山药中提取山药粘蛋白的工艺.发明专利登记号:ZL 2012 1 0173796.1[P].2013.

[8] Gan,Ke,Mou,Xiaoqing,Xu,Yan,Wang,Haiying. Application of ozonated piggery wastewater for cultivation of oil-rich Chlorella pyrenoidosa[J]. Bioresource Technology,2014(171):285-290.

[9] Li Zhang,Shuli Liang,Xinying Zhou,ZiJin,Fengchun Jiang,Shuangyan Han,Suiping Zheng,Ying Lin. Screening for Glycosylphosphatidylinositol-Modified Cell Wall Proteins in Pichia Pastoris and Their Recombinant Expression on the Cell Surface[J]. Applied and Environmental Microbiology,2013,79 (18):5519-5526.

[10] Jing-Jing Yang,Chun-Cheng Niu,Xiao-Hua Guo. Mixed culture models for predicting intestinal microbial interactions between Escherichia coli and Lactobacillus in the presence of probiotic Bacillus subtilis[J]. Beneficial Microbes,2015(6):871-877.

[11] X H Guo,C C Niu,Y H Wu,X S Liang. Application of an M13 bacteriophage displaying tyrosine on the surface for detection of Fe^{3+} and Fe^{2+} ions[J]. VirologicaSinica,2015(30):410-416.

[12] Xiao-huaGuo,Zhi-dan Zhao,Hyang-Mi Nam,Jae-Myung Kim. Comparative evaluation of three Lactobacilli with strain-specific activities for rats when supplied in drinking water[J]. Antonie van Leeuwenhoek,2012(90):139-146.

[13] X S Liang,H B Wang,H Y Wang,G F Pei. Colorimetric detection of bisphebol A using Au-Fe alloy nanoparticle aggregation[J]. Analytical Methods,2015(7):3952-3957.

[14] X S Liang,H P Wei,Z Q Cui,J Y Deng,Z P Zhang,X Y You,X E Zhang. Colori-

metric detection of melamine in complex matrices based on cysteamine-modified gold nanoparticles[J]. Analyst,2011(136):179-183.

[15] Wang Haiying,Fu Ru,Pei Guofeng. A study on lipid production of the mixotrophic microalgae Phaeodactylumtricornutum on various carbon sources[J]. African Journal of Microbiology Research,2012,6(5):1041-1047.

[16] Yi-Ran Zhang,Hai-RongXiong,Xiao-Hua Guo. Enhanced viability of Lactobacillus reuteri for probiotics production in mixed solid state fermentation in the presence of Bacillus subtilis[J]. Folia Microbiologica,2014(59):31-36.

[17] Wang Haiying,Xiong Hairong,Hui Zhenglong,Zeng Xiaobo. Mixotrophic cultivation of Chlorella pyrenoidosa with diluted primary piggery wastewater to produce lipids[J]. Bioresource Technology,2012(104):215-220.

[18] Zeng Xiaobo,Liu Jing,Chen Jing,Wang Qingjiang,Li Zongtao,Wang Haiying. Screening of the common culture conditions affecting crystallinity of bacterial cellulose[J]. Journal of Industrial Microbiology and Biotechnology,2011,38(12): 1993-1999.